FORSCHUNGSBERICHT DES LANDES NORDRHEIN-WESTFALEN

Nr. 2925/Fachgruppe Bau/Steine/Erden

Herausgegeben vom Minister für Wissenschaft und Forschung

Prof. Dr. Wolfgang Krönert
Dipl.-Ing. Karl-Heinz Herzog
Institut für Gesteinshüttenkunde
der Rhein.-Westf. Techn. Hochschule Aachen

Untersuchungen zur Haftfestigkeit feuerfester Mörtel bei hohen Temperaturen

Westdeutscher Verlag 1980

CIP-Kurztitelaufnahme der Deutschen Bibliothek

Krönert, Wolfgang:
Untersuchungen zur Haftfestigkeit feuerfester Mörtel bei hohen Temperaturen / Wolfgang Krönert ; Karl-Heinz Herzog. - Opladen : Westdeutscher Verlag, 1980.
(Forschungsberichte des Landes Nordrhein-Westfalen ; Nr. 2925 : Fachgruppe Bau, Steine, Erden)
ISBN-13: 978-3-531-02925-2 e-ISBN-13: 978-3-322-88478-7
DOI: 10.1007/978-3-322-88478-7
NE: Herzog, Karl-Heinz:

Gesamtherstellung: Westdeutscher Verlag

ISBN-13: 978-3-531-02925-2

Inhalt

1. Einleitung und Aufgabenstellung

In einem feuerfesten Mauerwerk werden sowohl an das Steinmaterial als auch an den ff. Mörtel eine Anzahl von Anforderungen gestellt, die im wesentlichen vergleichbar sind, nämlich den Reaktionsraum und damit das Einsatzgut nach außen hin abzuschirmen, größere Temperaturverluste zu verhindern und dem Angriff auftretender Schmelzen, Schlacken, Gase und Stäube zu widerstehen. Im Gegensatz zu einem gebrannten Stein, der relativ dicht ist, hohe Festigkeit und Formstabilität aufweist, soll der ff. Mörtel als ungeformtes Erzeugnis diese Eigenschaften erst bei seinem Einsatz unter Temperatureinwirkung erlangen. Aufgrund seiner Verarbeitung zeigt der Mörtel eine lockerere Mikrostruktur und daher eine höhere Gasdurchlässigkeit, d. h. einen verringerten Widerstand gegenüber dem Angriff durch Stäube, Gase usw. Als Folge davon beginnt der Verschleiß des feuerfesten Mauerwerks häufig an den Mörtelfugen (Auswaschen), und es erfolgt eine vorzeitige Zerstörung von diesen Bereichen aus.

Die Ausbildung instationärer Temperaturfelder, zyklische Temperaturbeanspruchungen und die Einwirkung äußerer Kräfte bewirken im späteren Einsatz bei Betriebstemperatur das Auftreten von "betriebs- und werkstoffspezifischen" Spannungen, die von der feuerfesten Zustellung Stein - Mörtel ohne Zerstörung durch Risse aufgenommen werden müssen.

Die Frage nach dem thermomechanischen Verhalten, z. B. welche Verformungen sich als Folge "betriebs- und werkstoffspezifischer" Bedingungen einstellen, wurde bisher häufig gesondert an Stein- oder Mörtelmaterial untersucht und an Hand von Modellen rechnerisch erfaßt, um Aussagen über die Materialdaten treffen zu können.

Durch seine aufgelockerte Mikrostruktur im Vergleich zum Steinmaterial besitzt der Mörtel auch bis in den Bereich höherer Temperaturen geringere Festigkeit und erheblich höhere Porosität als der Stein. Bei auftretenden Temperaturzyklen und Temperaturüberhöhungen können die spontan erfolgenden Verformungen durch Änderungen in der Porosität der Fuge aufgefangen werden. Dies hat zur Folge, daß die thermische Dehnung der Steine weitgehend ungehindert erfolgen kann und "Maximal"-Spannungen, die zur Zerstörung des Mauerwerkes führen, nicht im Stein auftreten.

Aus diesen Überlegungen folgt, daß bezüglich des Abbaues kritischer Spannungen im Mauerwerk (kritische Spannungen: Spannungen, bei denen Zerstörung erfolgt) eine gewisse Fugenstärke erforderlich ist, d. h. es muß ein gewisses Porenvolumen vorhanden sein, das die auftretenden Verformungen aufnehmen kann.

Bei der Erfüllung dieser Forderung entsteht das wesentliche Problem bezüglich der Mörtelfuge:
bei hohen Fugenstärken und demzufolge hohem Porenvolumen erfolgt ein verstärkter vorzeitiger Verschleiß durch das Eindringen von Schlacken, Schmelzen, Gasen und Stäuben; d. h. bezüglich einer optimalen Abschirmung des Reaktionsraumes sind dünne, minimale Fugenstärken günstig (Knirschvermauerung), während bezüglich des Spannungsabbaues (Vermeiden der kritischen Spannungen) größere Fugenstärken erforderlich sind. So muß, angepaßt an die spezifischen Beanspruchungen, die jeweilige Fugenstärke gewählt werden; in Ofenaggregaten, in denen mit starken Verschleißmechanismen wie Schlackenangriff usw. zu rechnen ist, wäre eine dünnere Fuge, bei weniger stark auftretenden Verschleißerscheinungen eine höhere Fugenstärke (2 mm) geeignet.

In der vorliegenden Arbeit stand die Frage des Spannungsverhaltens in der Kontaktzone Stein - Mörtel eines feuerfesten Mauerwerkes im Vordergrund.

Gegenstand der Untersuchungen war:

1. Die Bestimmung der Haftfestigkeit von Mörteln im Kontakt mit bestimmten Steinqualitäten bis zu ihrer Anwendungstemperatur, da in der Literatur bisher nur vereinzelt Hinweise auf derartige Untersuchungen zu finden sind und ein Mangel an folgenden Daten besteht: Haftfestigkeitsentwicklung in Abhängigkeit von der Temperatur, Spannungs-Relaxationsverhalten im Bereich der Mörtelfuge.

2. Bestimmung des Einflusses materialspezifischer Faktoren auf die unter 1. erwähnten Untersuchungen, d. h. Relation der chemischen und mineralogischen Hauptbestandteile im gebrannten Stein und Mörtel zueinander (chemisch verwandte Systeme von Mörtel und Stein); ferner die Frage nach dem Korngrößenaufbau der Mörtel und Einfluß der verschiedenen Bindemittel auf die Haftfestigkeit.

3. "Herstellungsparameter": Fragen der Verarbeitung, Einfluß der Fugenstärke.

Um diese Zusammenhänge untersuchen zu können, wurde ein Prüfverfahren entwickelt, mit dem man die zuvor beschriebenen Einflußgrößen experimentell erfassen konnte.

Dieses Verfahren sollte nicht nur klassische Werte über Haftfestigkeiten bis in den Bereich der Anwendungstemperaturen der untersuchten Materialien, sondern auch über gleichzeitig vorgenommene Spannungs-Verformungs-Messungen Aussagen über Spannungsabbau in der Mörtelfuge liefern.

Das Versuchsprogramm umfaßte moderne feuerfeste Werkstoffe für den Hochtemperaturbereich (Korundsteine mit 88 - 98 % Al_2O_3-Gehalt, Zirkonkorundstein mit 4o % ZrO_2-Gehalt, 5o % Al_2O_3), sowie chemisch und mineralogisch verwandt aufgebaute Feuermörtel und Feuerkitte mit unterschiedlichen, typischen Bindemitteln: keramisch, hydraulisch, chemisch.

Die sich einstellende Bindung im Bereich der Mörtelfuge ist neben den oben aufgeführten Einflußgrößen abhängig von der Temperatur, dem Aufbau der Mörtel, den Bedingungen des Steines im Kontaktbereich und damit der sich im Bereich der Fuge bildenden Mikrostruktur, die die Haftfestigkeit und Spannungs-Relaxation bestimmt. Im 2. Schritt der Untersuchungen wurden umfangreiche Mikrostrukturuntersuchungen der Mörtelfuge mit Hilfe von REM, Anschliff- und Dünnschliffaufnahmen durchgeführt.

2. Geforderte Eigenschaften von feuerfesten Mörteln

An feuerfeste Mörtel sind im allgemeinen folgende Anforderungen zu stellen, die aus den spezifischen Einsatzbedingungen resultieren:

I. Herstellung eines formstabilen Mauerwerkes, d. h.: der feuerfeste Mörtel muß die einzelnen Steine so miteinander verbinden, daß sowohl bei tiefen Temperaturen als auch bei Einsatztemperatur die Steine in ihrer ursprünglichen Lage gehalten werden.

II. Der Mörtel in der Fuge muß bis zu seiner Anwendungstemperatur volumenstabil sein, d. h.:
im Bereich der Anwendungstemperatur dürfen bei den herrschenden mechanischen Beanspruchungen nur geringfügige plastische Verformungen auftreten (z. B. kein Auslaufen des Mörtels durch Fliessen).

III. Der ff. Mörtel soll im Bereich seiner Anwendungstemperatur eine ausreichende Duktilität (Verformungsfähigkeit) aufweisen, d. h.:
plötzlich auftretende Spannungsüberhöhungen infolge instationär auftretender Temperaturfelder sollen durch den ff. Mörtel weitgehend abgebaut werden können.

IV. Der feuerfeste Mörtel soll möglichst resistent gegen den chemischen Angriff von Schmelzen, Schlacken, Gasen und Flugstäuben sein.

V. Entwicklung einer ausreichenden Haftung zwischen Mörtel und Steinoberfläche.
Um in einem feuerfesten Mauerwerk Spannungen übertragen zu können, muß sich im Kontaktbereich zwischen Mörtel und Steinoberfläche eine Bindung entwickeln, die primär die Festigkeit dieses Werkstoffverbandes bestimmt. Im allgemeinen wird die Festigkeit, die sich durch diese Bindung zwischen Mörtel und Steinoberfläche einstellt, als Haftfestigkeit des Mörtels definiert. Ist die Festigkeit der Steine höher als die des Mörtels, und diese wiederum größer als die Festigkeit der Kontaktflächen zwischen Mörtel und Stein, so verläuft mit steigender Belastung der Bruch durch eine der beiden Haftflächen.
In diesem Fall beteiligen sich nur die äußerst dünnen Grenzschichten der aneinander haftenden Körper an der Ausbildung der "Verkittung", ohne daß eine Tränkung oder ein Angriff an den Grenzflächen stattfindet.

Andererseits können durch starke Reaktionen zwischen Mörtel und Steinmaterial und im Mörtel selbst Änderungen in der Mikrostruktur hervorgerufen werden, die wiederum eine Änderung der thermomechanischen Eigenschaften dieses Bereiches bedingen.

So kann die Festigkeit des Mörtels und der Grenzflächen Mörtel/Stein die Festigkeit des Steinmaterials überschreiten, es kommt zum Bruch innerhalb des Steinmaterials.

Diese Brucherscheinungen konnten bei den später durchgeführten Untersuchungen eindeutig festgestellt werden. Die Höhe der experimentell ermittelten Haftfestigkeit hängt also im wesentlichen von drei Faktoren ab:

1. von der sich entwickelnden Bindung zwischen Mörtel und Steinoberfläche,

2. von der Festigkeit des Mörtels,

3. von der Festigkeit des Steinmaterials.

Im Bereich der Mörtelfuge wird der dichte Mauerwerksverband, wie er im Bereich der Steine vorliegt, abrupt unterbrochen. Die plötzliche Änderung der thermomechanischen Eigenschaften des Mauerwerkverbandes im Bereich der Mörtelfuge bedingt eine ebenso abrupte Änderung des Spannungszustandes in dieser Zone. Die höhere Duktilität des feuerfesten Mörtels im Vergleich zum Steinmaterial führt dazu, daß in der Fuge selbst geringere Spannungen als im Steinmaterial herrschen, da diese vom ff. Mörtel schneller abgebaut werden können. Diese Spannungsverteilung im Bereich der Mörtelfuge wird in der Praxis einen deutlichen Einfluß auf die Haftfestigkeit haben.

Grundsätzlich werden im Bereich der Mörtelfuge folgende Spannungen auftreten:

1. Druckspannungen, die durch thermische Dehnung beim Aufheizen induziert werden

2. Zugspannungen, die durch thermische Kontraktion beim Abkühlen induziert werden

3. Schubspannungen, die durch unterschiedliche thermische Dehnung bzw. Kontraktion erzeugt werden
   a) durch instationäre Temperaturfelder
   b) durch unterschiedliches Ausdehnungsverhalten der Steine.

Aufgrund dieses Spannungszustandes sind folgende Beanspruchungen der feuerfesten Zustellung im Bereich der Fuge zu erwarten:

1. Beanspruchung der Bindung zwischen Steinoberfläche und Mörtel

2. Beanspruchung des Mörtelwerkstoffes selbst in Form von Verformungen infolge Zug-, Druck- und Schubspannungen.

Die zuvor formulierten Bedingungen einer ausreichenden Formstabilität des Mauerwerkverbandes sowie die Fähigkeit, die auftretenden Spannungen übertragen zu können werden nur erfüllt, wenn eine ausreichende Haftung zwischen Steinoberfläche und Mörtel vorhanden ist und sich bei den auftretenden Spannungen nur geringe Verformungen einstellen.

Formstabilität und Spannungsübertragungsfähigkeit werden also weitgehend durch die Haftfestigkeit des feuerfesten Mörtels bestimmt, wobei die Haftfestigkeit nicht nur die Bindung zwischen Steinoberfläche und Mörtel, sondern auch die thermomechanischen Eigenschaften des Mörtels selbst beinhaltet.

Diese Betrachtung zeigt, daß die Haftfestigkeit eines feuerfesten Mörtels eine komplexe Größe darstellt, d. h.

sie hängt von einer Vielzahl von Einflußfaktoren ab:

1. <u>von den Eigenschaften des feuerfesten Steinmaterials</u>

1.1 vom chemischen und mineralogischen Aufbau des Steines

1.2 von den physikalischen Daten des Steines (Porosität, Gasdurchlässigkeit)

1.3 von den thermomechanischen Eigenschaften des Steines (Festigkeit, Verformungsverhalten, Ausdehnungsverhalten)

2. <u>von den Eigenschaften des Mörtels</u>

2.1 vom chemischen und mineralogischen Aufbau des Mörtels

2.2 von der Art des Bindemittels (keramisch, chemisch oder hydraulisch)

2.3 von der Porosität und Gasdurchlässigkeit

2.4 vom Kornaufbau

2.5 von den thermomechanischen Eigenschaften (Festigkeit, Verformungsverhalten)

2.6 vom Sinterverhalten des ff. Mörtels

3. <u>von der Kontaktreaktion zwischen Steinoberfläche und Mörtel</u>

3.1 Bindung über Schmelzphase

3.2 Bindung über Festkörperbrücken

4. <u>von den experimentellen Parametern</u>

4.1 von der thermischen Vorbehandlung

4.2 von der Prüftemperatur und Haltezeit

4.3 von der Fugendicke (hier sind Einflüsse der Stärke der Reaktionsschicht zwischen Steinoberfläche und Mörtel zur gesamten Fugendicke zu erwarten)

4.4 vom Spannungszustand, d. h. ob bei der Bestimmung der Haftfestigkeit Schub-, Zug- oder Druckspannungen vorherrschend sind.

3. Literaturübersicht (Haftfestigkeitsprüfung)

In der Literatur sind bisher nur wenige Arbeiten bekannt, die sich mit dem Problem der Bestimmung der Haftfestigkeit von Mörteln befassen. Der größte Teil dieser Arbeiten beschränkt sich dabei auf Untersuchungsverfahren, die nicht bei Betriebstemperaturen, sondern bei Raumtemperatur durchgeführt werden (1-12). Die Bestimmung der Haftfestigkeit erfolgte bei diesen Prüfverfahren durch Messen der Zugfestigkeit und Scherfestigkeit zweier miteinander vermörtelter Probekörper. Mit dem "lap-joint-strength-test" entwickelten EUSNER und BACHMANN (13) eine Prüfmethode mit deren Hilfe die Haftfestigkeit von Mörteln bei hohen Temperaturen bestimmt werden konnte (Abb. 1).

Bei diesem Versuch wurden 2 Steinplatten so miteinander vermörtelt, daß sie sich mit einem Teil ihrer Flächen überlappen (8), während ihre freie Enden auf unterschiedlich hohen Auflagern (9) liegen. Die Probenanordnung befindet sich in einem geschlossenen Ofenraum (5). Die Lastaufgabe erfolgt durch Pb-Schrot (2, 3, 6) über einen Hebelarm (4), der wiederum die Last über einen feuerfesten Druckstempel (7) auf den Probekörper überträgt.

MAJDIC und SCHWIETE (14, 15) konzipierten eine Prüfeinrichtung, die es gestattet, durch Zugversuche die Haftung eines Zementklinkers bei einer bestimmten Temperatur zu ermitteln (Abb. 2). Sie konnten mit Hilfe dieser Apparatur ihre teils theoretischen Betrachtungen über auftretende Schmelzphasen sowie deren Benetzungs- und Adhäsionseigenschaften weitgehend bestätigen. Die von ihnen durchgeführte Prüfung mit zylindrischen Probekörpern, die aus einer Kombination Feuermaterial-Klinker-Feuerfestmaterial bestanden, erfolgte im Temperaturbereich von 8oo - 1425°C, wobei Zugspannungen bis zur Zerstörung angelegt wurden.

Nach diesem Verfahren von MAJDIC (14, 15) bestimmte KÖHLER (16) die Haftfestigkeit von Silikakoksofenmörtel, Schamottemörtel und Sillimanitmörtel im Temperaturbereich von 11oo - 14oo°C. Die Versuche zeigen, daß bei dem untersuchten Silikamörtel nach einer 4 h-Temperzeit weder bei 11oo°C noch bei 13oo°C eine meßbare Haftfestigkeit vorhanden war. Erst nach einer Temperzeit von 24 h bei 13oo°C konnte eine geringe Haftfestigkeit nachgewiesen werden.

Beim Schamottemörtel wurde bereits bei 11oo°C und 4 h-Temperzeit eine wesentlich höhere Haftfestigkeit gefunden, die durch seinen im Vergleich zum Silikamörtel höheren Schmelzphasenanteil erklärt wird. Den Rückgang der Haftfestigkeit bei 13oo°C führt KÖHLER auf die bei höherer Temperatur geringere Viskosität der Schmelzphase zurück.

Für den sehr flußmittelarmen Sillimanitmörtel wurde bei 13oo°C und 4 h-Temperzeit keine und bei 14oo°C und 24 h-Temperzeit eine geringe Haftfestigkeit von o,o2 N/mm^2 gefunden.

D. S. BUIST und J. R. GELSTHORPE (17) entwickelten eine Einrichtung, bei der keine Zugbeanspruchungen, sondern Schub- und Scherkräfte wirksam wurden. In dieser Apparatur wurde auf den Prüfkörper eine Zementklinkerpastille aufgebracht und unter Belastung bei der zu prüfenden Temperatur 1o h gehalten. Nach dieser Zeit wird die Belastung gelöst und durch einen Horizontalschub über einen Korundstempel die Haftfestigkeit des Zementklinkers überprüft.

W. POLESNIG und W. ZEDNICEK (18) untersuchten durch Heißbiegefestigkeitsmessungen die Haftfestigkeit von Zementklinker auf feuerfesten, basischen Steinen. Für diese Prüfung wurden prismatische Stäbe mit den Abmessungen $25 \times 25 \times 75\ mm^3$ benutzt, von denen je zwei an ihren Stirnflächen durch eine 4 mm starke Klinkerschicht verbunden waren. Nach dem Vorbrennen bei 15oo°C und 3 h Haltezeit wurde an den Probestäben bei den gewünschten Prüftemperaturen durch Aufbringen einer Biegebeanspruchung die Haftfestigkeit ermittelt.

In einer Arbeit von P. H. HAVRANEK und L. IVARSSON (19) wird über Untersuchungen an phosphat- und mullitgebundenen Mörteln berichtet. An Probestäben aus Bauxitstein mit den Abmessungen $4o \times 4o \times 16o\ mm^3$, die in der Mitte durch eine 1,5 mm starke Fuge vermörtelt waren, wurde die Heißbiegefestigkeit der Fuge im Temperaturbereich von 4oo - 14oo°C bestimmt.

Die Ergebnisse zeigen für den phosphatgebundenen Mörtel bis zu einer Temperatur von 12oo°C hohe Festigkeiten von 17 N/mm^2 bis 9 N/mm^2, wobei sowohl bei 4oo°C als auch bei 6oo°C der Bruch durch den Stein verlief. Bei 14oo°C betrug die Heißbiegefestigkeit noch 2,5 N/mm^2. Der mullitgebundene Mörtel wies über den gesamten untersuchten Temperaturbereich gleichmäßige Festigkeiten von 2,5 N/mm^2 bis 3 N/mm^2 mit einem Maximum von 4 N/mm^2 bei 1ooo°C auf.

4. Versuchsaufbau

Bei der experimentellen Bestimmung der Haftfestigkeit tritt als Hauptproblem die Simulation des Spannungszustandes im Bereich der Mörtelfuge, wie er in der Praxis beobachtet wird, auf. Die vorher beschriebenen Spannungen lassen sich nur schwerlich bei den Festigkeitsmessungen aufbringen.

So sind in der Literatur eine Reihe von Versuchsapparaturen beschrieben, bei denen im allgemeinen nur eine Spannungsart in Form von Scher- bzw. Zug- oder Biegezugspannungen wirksam wird.

Für unsere Untersuchungen wurde die Prüfung der Heißbiegefestigkeit an vermörtelten Probekörpern ausgewählt. Die Vorteile dieser Versuchsapparatur liegen in der relativ einfachen Versuchsdurchführung sowie in dem Erhalt von definierten Festigkeitswerten und ihrer Reproduzierbarkeit. Außerdem wird dieses Verfahren als praxisnah angesehen.

Die Spannungsverteilung in einem gebogenen Prüfkörper zeigt Abb. 3 nach S. KIENOW, P. JESCHKE, T. K. DAS (2o).

Durch das Aufbringen einer Biegebelastung auf den Prüfkörper entstehen oberhalb der neutralen, spannungsfreien Faser Druckspannungen, und unterhalb der neutralen Faser Zugspannungen. Die neutrale Faser liegt nur dann in der Stabmitte, wenn im Prüfkörper $E_{Druck} = E_{Zug}$ ist. Da feuerfeste Materialien im allgemeinen Druckspannungen besser aufnehmen können als Zugspannungen, d. h. $E_{Druck} > E_{Zug}$ verschiebt sich die neutrale Faser um eine Strecke Z nach oben zur unter Druck stehenden Seite des Stabes hin, weil aus Gleichgewichtsgründen und wegen der linearen Spannungsverteilung

$$\sigma_{D\ max.}\left(\frac{h}{2} - Z\right) + \sigma_{Z\ max.}\left(\frac{h}{2} + Z\right) = 0$$

sein muß. ($\sigma_{D\ max.}$ = maximale Druckspannung, $\sigma_{Z\ max.}$ = maximale Zugspannung) Der Bruch des Prüfkörpers beginnt also in der äußeren auf Zug beanspruchten Faser.

Für die Berechnung der Haftfestigkeit wurde die allgemeine Biegeformel für 3-Punkt-Belastung herangezogen:

$$\sigma_b = \frac{3}{2} \frac{P \cdot l}{b \cdot h^2} \qquad (N/mm^2)$$

In dieser Formel bedeuten:

σ_b = Biegefestigkeit in N/mm^2
P = aufgebrachte Last in N
l = Abstand zwischen den Auflagern in mm
b = Breite des Prüfkörpers in mm
h = Höhe des Prüfkörpers in mm

4.1 Beschreibung der Versuchsanlage

Die für die Durchführung der Versuche verwendete Heißbiegefestigkeitsanlage zeigt Abb. 4. Diese Prüfapparatur besteht aus einem elektrisch beheizbaren Ofen, dem Belastungsgerüst, einer ölhydraulisch arbeitenden Belastungsvorrichtung und verschiedenen Meß- und Regelapparaturen.

Die Anlage wurde zu Beginn der Untersuchungen mit verbesserten Druckmeßinstrumenten ausgerüstet.

Die Durchbiegung f der Probekörper wurde mit Hilfe eines induktiven Wegaufnehmers aufgenommen und die Meßwerte über einen Meßverstärker auf einen Zweikanallinienschreiber übertragen.

4.1.1 Belastungsvorrichtung

Zur Erzielung einer konstanten Laststeigerung auf den Probekörper wurde ein ölhydraulisch arbeitendes

Antriebsaggregat benutzt. Bei diesem Gerät lädt eine Pumpe einen Hydraulikspeicher auf und dieser gibt das Öl über ein durch ein Potentiometer regelbares Druckminderventil auf das System Kolben-Zylinder ab. Der Arbeitsdruck des Kolbens beträgt maximal 2o N/mm^2. Durch einen Hebelarm entsprechender Ausmaße kann auf den Probekörper über den Belastungsstempel eine Kraft von 3o N aufgebracht werden.

Der Belastungsstempel wurde am unteren Ende auf 25 mm eingesägt und ein zugeschnittenes Korundstück als Schneide eingemörtelt (Abb. 6).

4.1.2 Ofenkonstruktion (Abb. 5)

Der HBF-Ofen ist so ausgelegt, daß Probekörper mit einem Querschnitt von 25 x 25 mm und einer maximalen Länge von 25o mm geprüft werden können. Die Beheizung des Ofens erfolgt durch 8 Crusiliteheizelemente. Sie bestehen aus ß-SiC und erlauben eine maximale Prüftemperatur von 15oo°C. Zur Entlastung der Hauptheizelemente und zur Vermeidung eines unnötig großen Temperaturgefälles zwischen Ofeninnerem und Umgebung wurde zusätzlich eine Kaskadenheizung aus Kanthal A-1 Draht eingebaut.

Durch eine Bohrung in der Ofendecke wird der Belastungsstempel (Sinterkorund) mit einem Durchmesser von 5o mm geführt, der die Belastung auf den Prüfkörper überträgt. Die Probekörper werden hintereinanderliegend durch eine Öffnung mit Hilfe einer Schiebevorrichtung in das Ofeninnere transportiert und dabei langsam auf ihre Prüftemperatur aufgeheizt. Über eine Kante fällt der Probekörper auf die eigentlichen Belastungsschneiden, bestehend aus Korundmaterial, auf denen der Belastungsvorgang vorgenommen wird. Eine zweite Schiebevorrichtung sorgt dafür, daß der Probekörper genau parallel unter den Belastungsstempel gelangt, und die Bruchstücke nach vorn in eine Vertiefung weitergeschoben werden. Diese Arbeitsweise ermöglicht bei einem 2o-minütigem Vorschubintervall die Prüfung relativ vieler Probekörper.

4.2 Probenherstellung

Aus Normalsteinen der zu untersuchenden Steinqualitäten wurden Probestäbe mit den Abmessungen 25 x 25 x 75 mm^3 herausgesägt und anschließend an ihren Stirnflächen unter Einstellung einer Fugendicke von 2 mm miteinander vermörtelt (Abb. 6).

Nach 24-stündiger Trockung an Luft wurden die Probekörper bei 15oo°C 3 h vorgebrannt, im Versuchsofen auf die gewünschte Prüftemperatur aufgeheizt und nach 2o-minütiger Haltezeit bis zum Bruch belastet.

5. Auswahl der Versuchsmaterialien

5.1 Hochtonerdehaltige Steinqualitäten

Bei der Auswahl der Steinqualitäten wurde davon ausgegangen, daß die Probleme der Haftung zwischen Mörtel und Stein besonders wichtig sind an den Stellen in Ofenaggregaten, die bei hohen Temperaturen höchsten Beanspruchungen unterworfen sind und an denen hochwertiges ff. Material eingesetzt werden muß, (Stranggußdüsen, Schieberplatten, Gasspülkegel u. a.).

Zur Gruppe dieser ff. Materialien gehören die hochgebrannten tonerdereichen Steinqualitäten, deren chemische Zusammensetzung und technologischen Daten Tabelle 1 wiedergibt.

5.1.1 Chemische Zusammensetzung und technologische Daten der Steinqualitäten

Die zunehmenden Anforderungen an tonerdereiche Erzeugnisse haben dazu geführt, statt natürlicher Rohstoffe wie Bauxit, Sillimanit, Cyanid u. ä. synthetisch hergestellte Rohstoffe zu verwenden. Feuerfeste Steine, die aus synthetischen Rohstoffen hergestellt sind, haben den Vorteil größerer Gleichmäßigkeit, höherer Reinheit sowie höherer Belastbarkeit.

	Rohstoffe
Steinqualität I	Schmelzkorund und Tonerde
Steinqualität II	Schmelzmullit und Tabular-Tonerde
Steinqualität III	Sinterkorund, Chromoxid
Steinqualität IV	Korund, Baddeleyit, Mullit

Bei Steinqualität IV handelt es sich um isostatisch gepreßte Steine mit 5o % Al_2O_3 und 4o % ZrO_2. Im Vergleich zu den Steinqualitäten I - III weist sie eine höhere Rohdichte, geringere offene Porosität und geringere Gasdurchlässigkeit auf.

5.1.2 Mineralbestand und Glasphasenanteil

Der Mineralbestand der Steinqualitäten wurde mit Hilfe der Röntgenbeugungsanalyse bestimmt, der Anteil der Glasphase durch Herauslösen mit Flußsäure ermittelt. Für die untersuchten Steinqualitäten ergab sich folgender Mineralbestand:

			Glasphase
Steinqualität I	α-Al_2O_3,	Cristobalit, < Mullit	2,8 %
Steinqualität II	α-Al_2O_3,	Mullit	13,1 %
Steinqualität III	α-Al_2O_3,	Al-Cr Mischkristall	1,6 %
Steinqualität IV	α-Al_2O_3,	Baddeleyit, Mullit	n.b.

5.2 Feuermörtel und Feuerkitte

Da durch die Auswahl der Steinqualitäten für die Mörtel bereits eine Vorauswahl hinsichtlich ihrer chemischen Zusammensetzung gegeben war, war eine Variation der Mörtel nur über die Art ihrer Bindung möglich.

5.2.1 Rohstoffe der Feuermörtel und Feuerkitte

	Rohstoffe
Feuerkitt a	Edelkorund, Tabular-Tonerde, Calcinierte Tonerde, Cr_2O_3, Aluminiumphosphat
Feuerkitt b	Edelkorund, Schamotte, Cyanid, Kaolin, Wasserglas
Feuermörtel c	Edelkorund, Tonerde-Gel, Bentonit
Feuermörtel d	Edelkorund, Tabular-Tonerde, Alcoa-Zement.

5.2.2 Chemische Zusammensetzung der Feuermörtel und -kitte

Die chemische Analyse der Versuchsmörtel zeigt die Tabelle 2. Die Kitte (a) und (b) gehören zur Gruppe der chemisch verfestigenden Feuerkitte. Als Bindemittel enthält Kitt (a) einen Phosphatbinder, Kitt (b) Wasserglas.

Mörtel (c) gehört zur Gruppe der keramisch verfestigenden Feuermörtel. Als Bindemittel enthält er Tonerde-Gel und Bentonit. Mörtel (d) ist der Gruppe der hydraulisch verfestigenden Feuermörtel zuzuordnen. Er enthält als Bindemittel Alcoa-Zement. Auf die verschiedenen Bindemechanismen wird unter 5.3 näher eingegangen.

5.2.3 Mineralbestand und Glasphasenanteil

Der Mineralbestand der Versuchsmörtel wurde im Anlieferungszustand und nach 3 h Brennen bei 15oo°C bestimmt. Eine Übersicht der mineralogischen Hauptbestandteile der Versuchsmörtel ist im folgenden dargestellt:

	Anlieferung	nach Brand bei 15oo°C	Glasphase
Feuerkitt (a)	α-Al_2O_3 β-Al_2O_3 Cr_2O_3 SiO_2	α-Al_2O_3 $AlPO_4$	1o,9 %
Feuerkitt (b)	α-Al_2O_3 β-Al_2O_3 Kaolinit Cyanit Mullit	α-Al_2O_3 Mullit	26,5 %
Feuermörtel (c)	α-Al_2O_3 β-Al_2O_3	α-Al_2O_3 $\ll$ Mullit	4,o %
Feuermörtel (d)	α-Al_2O_3 β-Al_2O_3 CA $C_{12}A_7$ CA_2	α-Al_2O_3 CA_6	3,7 %

5.2.4 Korngrößenverteilung

Den Körnungsaufbau der untersuchten Feuermörtel und -kitte zeigt die Tabelle 3.

Die Feuerkitte (a) und (b) weisen keinen, Feuermörtel (c) und (d) nur geringen Anteil der Fraktion 1 - o,5 mm auf. Wesentlich größere Unterschiede im Körnungsaufbau zwischen den Feuerkitten und Feuermörteln treten dagegen bei der Korngröße o,5 - o,2 mm auf (~7 % bei den Feuerkitten, ~ 26 - 28 % bei den Feuermörteln).

Im Kornbereich < 63 µm sind ebenfalls Unterschiede zwischen den Kitten und Mörteln festzustellen, jedoch in geringerem Maße (~66 - 69 % bei den Kitten, ~48 - 55 % bei den Mörteln).

5.3 Feuerfeste Bindemittel

Wie bereits gesagt, unterscheiden sich die verwendeten Versuchsmörtel im wesentlichen in der Art ihrer Bindemittel.

Einen Überblick über die verschiedenen Bindungsarten und den Temperaturbereich ihrer Wirksamkeit geben G. GELSDORF und F. SCHELLBERG (21).

Temperatur der Wirksamkeit

Bindungsart	Beginn	Ende	Zustand nach Ende
keramisch	ca. 1ooo°C	ca. 12oo-15oo°C	
hydraulisch	ca. 2o°C	ca. 5oo- 6oo°C	> 1ooo°C keramisch
chemisch	ca. 2oo-25o°C	ca. 1ooo-145o°C	> 1ooo°C auch keramisch
organisch	ca. 5o°C	ca. 25o°C	> 1ooo°C keramisch
organisch-chemisch	ca. 5o°C	ca. 1ooo-145o°C	> 1ooo°C auch keramisch

Temperaturbereich der Wirksamkeit der verschiedenen Bindungen nach G. GELSDORF u. F. SCHELLBERG (21).

5.3.1 Keramische Bindemittel

Keramische Bindung wird in den meisten Fällen durch Zusatz von plastischen Bindetonen bewirkt, deren mineralischer Hauptbestandteil Kaolinit der Zusammensetzung $Al_2O_3 \cdot 2SiO_2 \cdot 2H_2O$ ist. Bindetone sind sehr feinkörnige, natürliche Rohstoffe, die die gröberen Komponenten der Massen wie eine Hülle umgeben und auf diese Weise Bindung und Verkittung bewirken. Bei niedrigen Temperaturen ist diese Bindung noch sehr schwach und hat mehr klebende Wirkung. Erst bei höherer Temperatur, nach der Entwässerung des Kaolinits bei 5oo bis 6oo°C, entstehen reaktionsfähige Phasen, die zu keramischer Bindung mit den anderen Bestandteilen führen. Diese Bindung ist jedoch selbst bis zu 1ooo°C noch nicht sehr ausgeprägt und führt erst bei 12oo - 15oo°C zu wirkungsvoller Verfestigung.

5.3.2 Hydraulische Bindemittel

Tonerdereiche Zemente sind hydraulische Bindemittel, die im wesentlichen aus Verbindungen von Al_2O_3 und CaO sowie geringen Mengen an SiO_2, Fe_2O_3, TiO_2 und MgO bestehen.

Gegenüber dem Portlandzement zeichnet sich der Tonerdezement durch drei besondere Eigenschaften aus:

a) durch seine hohe Widerstandsfähigkeit gegen sulfat- und karbonathaltige Medien,

b) durch sein gutes Erhärtungsvermögen bei niedrigen Temperaturen,

c) durch seine Verwendungsmöglichkeit als feuerfestes Bindemittel.

Die bei der Hydratation, Dehydratation, thermischen Zersetzung der Dehydratationsprodukte sowie bei der Bildung der keramischen Bindung von Tonerdezementen ablaufenden Reaktionen sind in Abb. 7 dargestellt.

In dieses Reaktionsschema sind zusätzlich die nicht hydratisierten, d. h. inerten Bestandteile des Zementes sowie der Zuschlagstoff Edelkorund (α-Al_2O_3) mit eingezeichnet.

Diese Reaktionen sind von SCHNEIDER (23), GIVAN u. a. (22), MIDGLEY (24) und KRÖNERT (25) ausführlich beschrieben worden.

5.3.3 Chemische Bindemittel

Anorganische Bindemittel wie Aluminiumphosphat, Phosphorsäure u. a. führen als Zusätze zu tonerdehaltigen Massen zu einer wirksamen Verfestigung bei Temperaturen ab 2oo bis 25o °C. Der Abbindemechanismus von Aluminiumphosphatbindern kann wie folgt dargestellt werden:

$$Al\,(H_2PO_4)_3 \xrightarrow[\text{bei ca. } 18o\,^{\circ}C]{\text{Polykondensation}} Al\,(PO_3)_3 + 3\,H_2O\uparrow$$

(hygroskopisch) → (nicht hygroskopisch)

$$Al\,(PO_3)_3 + Al_2O_3 \longrightarrow 3\,Al\,PO_4 \text{ (isotyp mit } SiO_2\text{)}$$

Der Erhärtungsmechanismus beginnt bei niedrigen Temperaturen zunächst mit der Bildung von $Al\,(H_2PO_4)_3$ und damit einer ersten Verfestigung. Nach der Entwässerung geht das primäre Al-Phosphat in Al-Metaphosphat über. Al-Metaphosphat bildet bei höheren Temperaturen eine glasige Schmelze, die mit Oxiden unter Orthophosphatbildung reagiert, das einen Schmelzpunkt von rd. 2ooo °C aufweist. Oberhalb 1ooo °C wird diese chemische Bindung durch eine keramische Bindung ergänzt.

Ein weiteres wichtiges chemisches Bindemittel ist Wasserglas, eine alkalische Lösung von Natrium- und/oder Kaliumsilikaten in Wasser, die sich unter bestimmten Bedingungen, so in Gegenwart von sauer reagierenden chemischen Substanzen, unter Bildung von reaktionsfähigen Kieselsäuren zersetzt.

Durch die Reaktion mit CO_2 aus der Luft wird die Zersetzung des Wasserglases unter gleichzeitiger Erhärtung eingeleitet. Der Chemismus der Wasserglaserhärtung beruht auf der vollständigen Hydrolyse des gelösten Alkalisilikates, wobei sich gelförmige Kieselsäuren ausscheiden, die sich unter Kondensation zu Poly-Kieselsäuren verfestigen.

6. Versuchsergebnisse

Wie bereits erwähnt, kann an vermörtelten Prüfkörpern im Kontaktbereich Mörtel - Stein bei Haftfestigkeitsuntersuchungen der Bruchverlauf unterschiedlich sein. Die bei unseren Untersuchungen auftretenden Brucherscheinungen sind in Abb. 8 schematisch dargestellt.

Bei der Interpretation der gefundenen Festigkeitskurven wird auf diese Brucherscheinungen näher eingegangen.

6.1 Haftfestigkeit gebrannter vermörtelter Prüfkörper in Abhängigkeit von der Temperatur

Die Abb. 9-14 zeigen die Ergebnisse der Haftfestigkeitsuntersuchungen, die durch Bestimmung der Heißbiegefestigkeit an vermörtelten Probekörpern, die bei 15oo°C 3 h vorgebrannt waren, ermittelt wurden.

In Abb. 9 ist die Haftfestigkeit des chemisch verfestigenden Feuerkittes (a), der als Bindemittel Monoaluminiumphosphat Al $(H_2PO_4)_3$ enthält, in Abhängigkeit von der Temperatur dargestellt. Für die untersuchten Kombinationen aus Kitt (a) und den verschiedenen Steinqualitäten I - IV weist der Kurvenverlauf im Temperaturbereich zwischen 9oo bis 15oo°C eine stetige Abnahme der Festigkeit auf.

Bei 9oo°C ist ein deutlicher Unterschied in den Festigkeiten zwischen den vier Kombinationen zu erkennen. Den höchsten Wert erreicht die Verbindung aus Kitt (a) und Korundstein II (88 % Al_2O_3, ~ 11 % SiO_2) mit etwa 21,o N/mm², wobei der Bruch durch das Steinmaterial verlief. Mit einer Festigkeit von 13,o N/mm² liegen die Kombinationen aus Kitt (a) mit Korundstein I

(98 % Al_2O_3) und Korundstein II (94 % Al_2O_3) in derselben Größenordnung. Eine Ausnahme bildet die Verbindung mit Stein IV (5o % Al_2O_3, 4o % ZrO_2), deren Haftfestigkeit mit 7,5 N/mm^2 wesentlich tiefer liegt. Die geringere Festigkeit dieser Verbindung, die im gesamten untersuchten Temperaturbereich auftritt, dürfte auf die stark unterschiedliche chemische Zusammensetzung zwischen dem Steinmaterial und dem Feuerkitt (a) zurückzuführen sein.

Mit zunehmender Temperatur wird der bei 9oo ^{o}C noch beobachtete deutliche Festigkeitsunterschied zwischen den Kombinationen aus Kitt (a) und den Korundsteinen I, II, III immer geringer. Bei 15oo ^{o}C liegen die Haftfestigkeitswerte für diese 3 Verbindungen bei ca. 2,5 N/mm^2.

Um einen Einblick in die Mikrostruktur der Grenzfläche zwischen Feuerkitt (a) und Steinmaterial zu bekommen wurden Anschliffbilder hergestellt.

Die Abb. 15 zeigt einen Anschliff der Kombination aus Stein I mit etwa 98 % Al_2O_3 und dem phosphatgebundenen Feuerkitt (a) bei 2o6-facher Vergrößerung. Auf der rechten Bildhälfte ist das Fugenmaterial, auf der linken das Steinmaterial zu sehen. Ein Übergang zwischen beiden Materialien ist nur schwer zu erkennen. Die Verbindung erfolgt im wesentlichen über die Matrix. Vereinzelt haben sich Korundbrücken gebildet. Das Auftreten von Glasphase konnte nur an wenigen Stellen beobachtet werden.

In der folgenden Abb. 16 ist ein Anschliff der Kombination aus Stein II mit etwa 11 % Al_2O_3 ~1o % SiO_2 und dem Feuerkitt (a) dargestellt. Die rechte Bildhälfte zeigt wiederum das Fugenmaterial, die linke das Steinmaterial. Die Verbindung zwischen Kitt und Stein ist sehr gut, was auch die höheren Haftfestigkeiten beweisen. Das Feinstkorn (Matrix) des Kittes ist über die phosphathaltige Glasphase mit der Matrix des Steines verbunden. Neben der Bildung von Festkörperbrücken sind die Korundkörner an einigen Stellen über die Glasphase (hellgrau) miteinander verbunden. Im Vergleich zur vorigen Kombination tritt mehr Glasphase auf. Ein ähnliches Erscheinungsbild wie in Abb. 15 tritt bei der Kombination aus Stein III mit 94 % Al_2O_3 und Kitt (a) auf (Abb. 17).Die Grenze zwischen Stein (links) und Kitt (rechts) ist im Gefüge an den größeren Körnern des Steinmaterials zu erkennen. Die Verbindung erfolgt auch hier im wesentlichen über den Feinkornanteil.

Auf der Anschliffaufnahme Abb. 18 der Kombination aus Stein IV 5o % Al_2O_3 und 4o % ZrO_2 mit Kitt (a) zeigt die rechte Bildhälfte das Steinmaterial mit den weiß erscheinenden Baddeleyitkörnern. Die Bindung erfolgt ebenfalls über das Feinkorn und vereinzelt über die Glasphase.

In Abb. 1o ist die Haftfestigkeit des chemisch verfestigenden Feuerkittes (b) der als Bindemittel Wasserglas enthält, in Abhängigkeit von der Temperatur dargestellt.

Wie bereits bei dem phosphatgebundenen Feuerkitt (a) nimmt die Festigkeit der untersuchten Kombinationen im Temperaturbereich zwischen 9oo und 15oo^{o}C merklich ab.

Bei 9oo^{o}C ist ein deutlicher Unterschied in den Festigkeiten zwischen den vier Kombinationen zu sehen. Den höchsten Festigkeitswert erreicht wiederum die Verbindung aus Stein II (88 % Al_2O_3, ~ 11 % SiO_2) mit Kitt (b), den niedrigsten Festigkeitswert die Kombination aus Stein IV (5o % Al_2O_3, 4o % ZrO_2), der jedoch höher liegt als mit dem phosphatgebundenen Kitt (a).

Bei 11oo°C, 13oo°C und 15oo°C liegen die Festigkeitswerte der untersuchten Kombinationen dicht zusammen. Eine Ausnahme bildet die Kombination aus Stein II und Kitt (b); ihre Festigkeit liegt bei 11oo°C und 13oo°C höher als die der anderen Verbindungen.

Im Vergleich zu dem phosphatgebundenen Kitt (a) sind bei dem wasserglasgebundenen Feuerkitt (b) im Temperaturbereich zwischen 11oo°C und 15oo°C geringere Festigkeiten gefunden worden, die vermutlich auf eine dünnflüssige Glasphase zurückzuführen sind.

Die Abb. 19, 2o zeigen einen Dünn- und einen Anschliff der Kombination aus Stein II und Feuerkitt (b).

Der Feuerkitt (b) zeigt eine Filament-Struktur, die vermutlich auf eine hohe Schwindung zurückzuführen ist.

Es ist zu erkennen, daß die Matrixbestandteile des Steines mit dem Fugenmaterial zusammengewachsen sind. Die Bindephase im Kitt ist ein mullithaltiges Glas, in das die Korundkörner eingebettet sind. Neben der Verbindung der Steinmatrix mit der Matrix des Kittes ist an einigen Stellen eine Bindung des Kittes zum Stein über die Glasphase festzustellen.

In den beiden folgenden Abbildungen ist die Haftfestigkeit des keramisch verfestigenden Feuermörtels (c), der als Bindemittel Bentonit enthält, dargestellt (Abb. 11), und des hydraulisch verfestigenden Feuermörtels (d), dessen Binder ein Tonerdezement ist (Abb. 12).

Auch bei diesen Stein-Mörtelkombinationen ist mit zunehmender Temperatur der bereits beobachtete Festigkeitsabfall zu erkennen. Im Vergleich zu den chemisch verfestigenden Feuerkitten liegen die Festigkeiten sowohl des keramisch als auch des hydraulisch verfestigenden Feuermörtels bei 9oo°C tiefer. Diese Unterschiede werden in den nächsten Abbildungen (13, 14) deutlicher.

Die beiden Abb. 13, 14 zeigen den Festigkeitsverlauf des Steines I (98 % Al_2O_3) und des Steines II (88 % Al_2O_3,~11% SiO_2) kombiniert mit den verschiedenen Feuermörteln und Feuerkitten. Die Kombinationen mit Stein II weisen bei 9oo°C und 11oo°C erhebliche Festigkeitsunterschiede auf, die mit zunehmender Temperatur geringer werden (Abb. 13).

Die geringere Festigkeit der Verbindungen von Stein II mit dem keramischen und dem hydraulischen Feuermörtel kann auf der im Vergleich zu Stein I unterschiedlichen chemischen Zusammensetzung der Materialien beruhen.

Die Anschliffbilder (Abb. 21, 22) zeigen das Gefüge der Grenzfläche der Kombinationen aus Stein I und Stein II mit dem hydraulisch verfestigenden Feuermörtel (d).

Auf beiden Anschliffbildern ist zu erkennen, daß der Feuermörtel (d) eine relativ dichte Mikrostruktur aufweist. Das Auftreten von Schmelzphase konnte nicht beobachtet werden. Die Haftung im Kontaktbereich zwischen Stein- und Fugenmaterial erfolgt über die Stein- und Mörtelmatrix.

6.2 Einfluß der Haltezeit auf die Haftfestigkeit vermörtelter Probekörper

Um den Einfluß einer längeren Haltezeit auf die Ausbildung einer Haftung zwischen Stein- und Mörtelmaterial zu beobachten, wurde eine weitere Versuchsreihe durchgeführt.

Prüfkörper der folgenden Kombinationen:

Stein I (98 % Al_2O_3) - keramisch verfestigender Feuermörtel (c)
Stein I (98 % Al_2O_3) - hydraulisch verfestigender Feuermörtel (d)
Stein II (88 % Al_2O_3) - keramisch verfestigender Feuermörtel (c)
Stein II (88 % Al_2O_3) - hydraulisch verfestigender Feuermörtel (d)

wurden bei einer Temperatur von 15oo°C 18o h getempert und anschließend nach dem Heißbiegefestigkeitsverfahren geprüft. Die Ergebnisse dieser Untersuchung zeigen die folgenden Abbildungen 23 - 26.

Der Kurvenverlauf zeigt, daß bei allen untersuchten Kombinationen durch das längere Vorbrennen bei 15oo°C eine Zunahme der Festigkeiten erfolgte, die in einigen Fällen fast das doppelte der ursprünglichen Festigkeit betrug.

Dieser Festigkeitsanstieg dürfte in erster Linie auf die bessere keramische Versinterung zwischen den einzelnen Komponenten des Bindemittels und des Steinmaterials zurückzuführen sein.

Die Anschliffbilder Abb. 27 - 3o zeigen die Mikrostruktur der Grenzfläche der bei 15oo°C 18o h gebrannten Prüfkörper.

Die Grenze zwischen Fuge und Stein (Abb. 27) ist nur schwer erkennbar, im Feinkornbereich weist die Fuge ein ähnliches Gefüge auf wie der Feinkornbereich des Steinmaterials. In dem Grenzbereich zwischen Fuge und Stein ist keine Schmelzphase vorhanden. Die Bindung erfolgt über Verwachsungen des Feinkornes der Fuge mit dem Fein- und Grobkorn des Steinmaterials. Diese Verwachsungen sind recht häufig zu beobachten.

Der Aufbau der Fuge (Abb. 28) ist wie in der vorigen Abb. 27. In der Kontaktzone zwischen Stein und Mörtel ist mehr Glasphase vorhanden, die vermutlich von der Steinseite herrührt. Auch hier erfolgt die Verbindung über zahlreiche Verwachsungen zwischen dem Feinkorn des Mörtels und dem Feinkorn des Steinmaterials. Zusätzlich treten aber noch vereinzelt Kontakte über die Glasphase auf.

Das Erscheinungsbild der Fuge (Abb. 29) im Bezug auf Fein- und Mittelkorn ähnelt sehr stark dem Gefügeaufbau im Steinmaterial. Die Grenze zwischen Fuge und Stein ist nicht an allen Stellen deutlich zu erkennen. Es ist keine Schmelzphase vorhanden. Die Verwachsung der Körner erfolgt über Feststoffbrücken. Zwischen Fuge und Stein ist ein fast nahtloser Übergang, der zum größten Teil über die bereits erwähnten Feststoffbrücken verläuft.

Während bei der vorausgegangenen Abb. 29 keine Schmelzphase festgestellt wurde, tritt hier in den Zwickeln Schmelzphase auf (Abb. 3o). Die Körner sind ebenfalls über Feststoffbrücken miteinander verwachsen. An den Stellen in der Grenzfläche wo Schmelze vorhanden ist, haben sich durch Sammelkristallisation Sekundärkorunde gebildet. Die Verbindung zwischen Fuge und Stein erfolgt sowohl über die Schmelzphase als auch über Feststoffbrücken.

6.3 Einfluß der Fugendicke auf die Haftfestigkeit

In einer weiteren Untersuchung sollte der Einfluß unterschiedlicher Fugendicken auf die Haftfestigkeit vermörtelter Probekörper geprüft werden.

Als Untersuchungsmaterial diente der Korundstein III (94 % Al_2O_3) sowie der chemisch verfestigende Feuerkitt (b), der als Bindemittel Wasserglas enthält.

Aus diesen Materialien wurden Prüfkörper mit unterschiedlichen Fugenstärken von o,5 mm, 1 mm, 2 mm, 3 mm und 4 mm hergestellt und bei 15oo^{o}C 3 h vorgebrannt. Anschließend erfolgte an diesen Proben die Bestimmung der Heißbiegefestigkeit bei Temperaturen von 9oo^{o}C und 11oo^{o}C. In den Abb. 31, 32 sind die Ergebnisse dieser Untersuchung dargestellt.
Abb. 31: Heißbiegefestigkeit bei 9oo^{o}C.
Es wurde bei diesen Versuchen festgestellt, daß bei einer Fugendicke von o,5 mm und 1 mm der Bruch durch das Steinmaterial verlief. Eine Erklärung dafür könnte sein, daß durch das Vorbrennen der Prüfkörper bei 15oo^{o}C intensive Reaktionen zwischen Steinoberfläche und Feuerkitt stattgefunden haben, und die gesamte Fuge als Reaktionszone aufgefaßt werden kann. Bei größeren Fugendicken von 2 mm, 3 mm und 4 mm war die Haftung zwischen Feuerkitt und Steinmaterial größer als die Biegefestigkeit des Feuerkittes, d. h. der Bruch verlief durch die Fuge.

Bei 2 mm Fugendicke tritt eine Abnahme der Festigkeit auf. Hierbei könnte es sich um einen Grenzbereich handeln, in dem die Reaktionszone nicht mehr die gesamte Dicke der Fuge umfaßt. Das mittlere Volumen der Fuge ist zu klein, um durch energieabsorbierende Prozesse die auftretenden Spannungen abbauen zu können.

Der geringe Anstieg der Festigkeit bei 3 mm Fugenstärke kann auf die größeren Volumenanteile, in denen energieabsorbierende Prozesse in Form von Verformungen ablaufen können, zurückgeführt werden.

Abb. 32: Heißbiegefestigkeit bei 11oo°C.
In Bezug auf die Festigkeit wurde ein ähnlicher Kurvenverlauf wie bei 9oo°C gefunden.

Die auftretenden Bruchbilder waren bei allen Fugendicken gleich und zwar verlief der Bruch durch die Fuge.

Um weitere Aussagen machen zu können, wurden bei diesen Versuchen Belastungs-Durchbiegekurven aufgenommen, die in Abb. 33 dargestellt sind.

Bei 9oo°C zeigen alle Mörtelfugen elastisches Verformungsverhalten bis hin zum Sprödbruch. Bei den dünnen Fugen von o,5 mm und 1 mm führte dies zur Zerstörung des Steinmaterials.

Mit zunehmender Fugendicke ist bei gleicher Last eine größere elastische Verformung festzustellen. Dies resultiert daraus, daß in der Mitte der Mörtelfuge, in der die Verformungen stattfinden, der Bereich weniger verdichteter Volumenanteile größer wird.

Bei einer Temperatur von 11oo°C ist bis 1 mm Fugendicke ebenfalls elastisches Verformungsverhalten bis zum Sprödbruch zu beobachten.

Ein geringes Einsetzen von viskoelastischen Verformungsprozessen tritt bereits bei 2 mm Fugendicke auf. Bei Fugendicken von 3 mm und 4 mm kommt es zu deutlichen viskosen Verformungen.

Um einen Einblick in die Mikrostruktur der Fuge und der Kontaktfläche Feuerkitt/Steinmaterial zu bekommen, wurden von den oben beschriebenen Prüfkörpern Anschliffe hergestellt und diese anschließend mit Hilfe des Rasterelektronenmikroskopes untersucht (Abb. 34-37).

Die Abb. 34, 35 verdeutlichen die gute Haftung zwischen Stein- und Fugenmaterial. Ein Übergang vom Steinmaterial zur Fuge ist nur aufgrund des feinkörnigeren Aufbaues der Fuge zu erkennen. Durch die in der dünnen Fuge und an den Kontaktflächen ablaufenden Reaktionen ist ein Bereich entstanden, der eine dichte Mikrostruktur aufweist und dessen Biegefestigkeit bei 9oo°C über der Biegefestigkeit des Steinmaterials lag.

Ein anderes Erscheinungsbild zeigen die folgenden Abb. 36, 37, auf denen das Gefüge der dickeren Mörtelfugen (2mm, 3 mm) dargestellt ist.

Wie bereits bei der dünnen (o,5 mm) Mörtelfuge, tritt auch hier in den Grenzflächen eine starke Versinterung zwischen Fugen- und Steinmaterial auf.

Dagegen unterscheidet sich die Mikrostruktur der dickeren Fugen in ihrer höheren Porosität wesentlich vom Gefüge des Steinmaterials.

7. Zusammenfassung

Zur Durchführung von Haftfestigkeitsprüfungen an vermörtelten Prüfkörpern im Temperaturbereich von 9oo°C - 15oo°C wurde die Bestimmung der Heißbiegefestigkeit herangezogen.

Dazu wurde die Heißbiegefestigkeitsanlage durch Einbau von induktiven Druck- und Wegaufnehmern im Hinblick auf die Meßtechnik verbessert.

Die Vorteile dieser Versuchsapparatur liegen in der relativ einfachen Versuchsdurchführung, im Erhalt von definierten Festigkeitswerten und ihrer Reproduzierbarkeit.

Als Untersuchungsmaterialien dienten drei hochtonerdehaltige Korundsteine mit 88 - 98 % Al_2O_3-Gehalt, ein isostatisch gepreßter Stein mit 5o % Al_2O_3- und 4o % ZrO_2-Gehalt sowie zwei chemisch verfestigende Feuerkitte (Phosphat, Wasserglas), ein keramisch verfestigender Feuermörtel (Tonerde-Gel, Bentonit) und ein hydraulisch verfestigender Feuermörtel (Tonerdezement).

Im untersuchten Temperaturbereich zeigt sich bei allen Prüfkörperkombinationen mit steigender Temperatur eine starke Festigkeitsabnahme. Die höchsten Haftfestigkeiten erreichten die chemisch verfestigenden Feuerkitte.

Eine Verlängerung der Haltezeit bei 15oo°C von 3 h auf 18o h führte bei den untersuchten Materialien zu einer merklichen Zunahme der Festigkeit.

Messungen der Festigkeit an Prüfkörpern mit unterschiedlicher Fugendicke (o,5 mm - 4 mm) und die gleichzeitige Aufnahme von Belastungs-Durchbiegekurven zeigten unterschiedliches Verformungsverhalten der Prüfkörper, das vom elastischen Bereich bis zu deutlich viskosen Verformungserscheinungen verlief.

Lichtoptische und rasterelektronenmikroskopische Untersuchungen des Kontaktbereiches Fuge/Stein ergänzen die gefundenen Versuchsergebnisse.

8. Literaturverzeichnis

1. H. H. MÜLLER-NEUGLÜCK, C. KONOPICKY, E. K. KÖHLER:
"Die Eignungsprüfung von Silikakoksofenmörteln"
Tonindustrie-Zeitung 87 (1963) S. 311 - 316

2. R. RASCH:
"Die Prüfung der Haftfestigkeit von Spritzmassen"
Tonindustrie-Zeitung 64 (194o) S. 13

3. "Cold Bonding Strength Of Refractory Mortar"
ASTM Designation C 198-72

4. R. A. HEINDL, W. L. PENDERGAST
"Properties of air-setting refractory bonding mortars of the wet type"
Journal of Research of the National Bureau of Standards Vol. 23 (1939) S. 7 - 38

5. R. A. HEINDL, W. L. PENDERGAST
"Some Properties of heat-setting refractory mortars"
J. o. R. o. t. N. B. o. S. Vol 3o (1943) S. 3o3 - 31o

6. R. A. HEINDL, W. L. PENDERGAST
"Some Properties of the dry air-setting type of refractory bonding mortar"
J. o. R. o. t. N. B. o. S. Vol. 28 (1942) S. 4o1 - 416

7. "Cold Bonding Strength of Air-Setting Refractory Mortar (WET TYPE)"
ASTM Designation C 198-47

8. E. SIEBEL
"Prüfung von Kalkmörtel"
Handbuch der Werkstoffprüfung, Bd. 2, Springer-Verlag (1957) S. 326

9. P. THORMANN
"Ein Beitrag zur Bestimmung und Beeinflussung der Haftfestigkeit zwischen Kalksandsteinen und Mörtel"
Tonindustrie-Zeitung 94 (197o) S. 5o - 56

1o. OHNEMÜLLER, W.
"Reaktionen zwischen Steinoberfläche und Mörtel"
Forschungsberichte des Landes NRW Nr. 1759

11. F. H. CLEWS, H. BOOTH, M. H. RICHARDSON, A. T. GREEN
"Investigations on Refractory Jointing Cements"
Trans. Brit. Ceram. Soc. 39 (194o) S. 1o1 - 119

12. E. COMBLÉS
"Feuerfester Mörtel zum Flicken von Silikakoksöfen"
Stahl und Eisen 53 (1933) S. 984 - 988

13. G. R. EUSNER, J. R. BACHMANN
"Investigation and Testing of 32 High-Grade Mortars for Fireclay Brick"
Am. Ceram. Soc. Bull. Vol. 37 (1958) S. 12 - 21

14. A. MAJDIC, H. E. SCHWIETE
"Über die Ansatzbildung im Drehofen"
Zement-Kalk-Gips 3 (1959) 89 - 1o1

15. A. MAJDIC, H. E. SCHWIETE
"Haftfestigkeit des Zementklinkeransatzes auf basischen ff. Steinen"
Zement-Kalk-Gips 15 (1962) S. 45 - 56

16. H. E. SCHWIETE, E. K. KÖHLER
"Über Aufbau, Eigenschaften und Prüfmethoden ff. Mörtel"
Forschungsberichte des Landes NRW Nr. 1288 (1964)

17. D. S. BUIST, J. R. GELSTHORPE
"Solid-liquid Reactions and Brick/Clinker Adhesion in Rotary Cement Kiln"
Science of Ceram. (1968) S. 255 - 273

18. W. POLESNIG, W. ZEDNICEK
"Beitrag zur Bewertung des Ansatzverhaltens und der Ansatzbildung im Zementrotierofen"
Radex-Rundschau H. 5 (1973) S. 695 - 712

19. P. H. HAvRANEK, L. IVARSSON
"Feuerfeste Mörtel für tonerdereiche Steine"
XVIII Internationales Feuerfest-Kolloquium Aachen 1975

2o. S. KIENOW, P. JESCHKE, T. K. DAS
"Mechanische Eigenschaften von Magnesiasteinen in Abhängigkeit von der Zusammensetzung und dem Gefüge"
Tonindustrie-Zeitung 1o1 (1977) Nr. 4, S. 83 - 95

21. G. GELSDORF, F. SCHELLBERG
"Moderne Baustoffe für hohe Temperaturen: Massen, Feuermörtel und Feuerkitte"
Ziegelindustrie 12 (1975) S. 436 - 446

22. G. V. GIVAN, D. HART, R. P. HEILICH, G. MACZURA
"Curing and Firing High Purity Calcium-Aluminate-Bonded Tabular Alumina Castables"
J. Amer. Ceram. Soc. 54 (1975) 8, S 71o - 713

23. S. J. SCHNEIDER
"Effect of Heat-Treatment on the Constitution and Mechanical Properties of some Hydrated Aluminous Cements"
J. Amer. Ceram. Soc. 42 (1959) 4, S. 184 - 193

24. H. G. MIDGLEY
"The Mineralogie of Set High-alumina Cement"
Trans. Brit. Ceram. Soc. 66 (1967) S. 161 - 187

25. W. KRÖNERT
"Studies of the Development of the Ceramic Bond in High Alumina Concretes Using SEM and XRD Analyses"
American Concrete Inst. Publ. SP 57
Detroit (1978) S. 1o5 - 15o

Anhang

a) Abbildungen

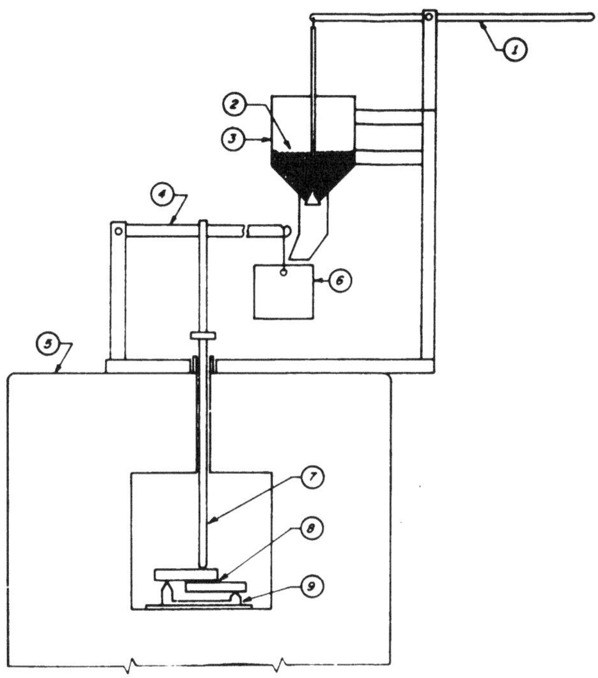

Abb. 1 "Lap-joint-strength-test" nach EUSNER und BACHMANN

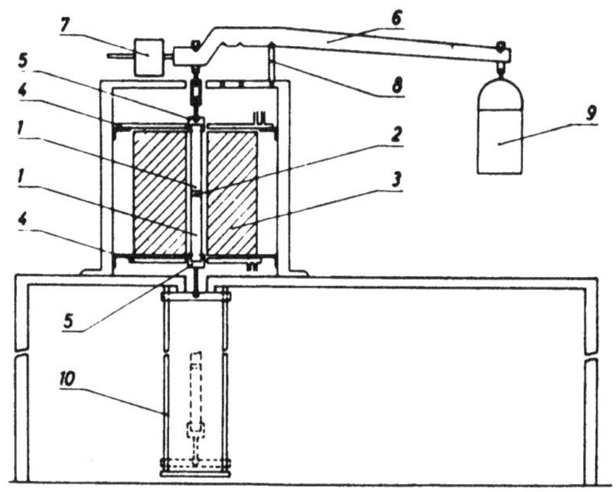

1 Prüfkörper	6 Waagebalken
2 Klinkerschicht	7 Gegengewicht
3 Ofen	8 Verstellbare Stütze (1:2, 1:5, 1:10)
4 Wasserkühlung	9 Schrottopf
5 Halterungen	10 Gleitschienen

Abb. 2 Schema des Gerätes zur Bestimmung der Haftfestigkeit nach SCHWIETE und MAJDIC

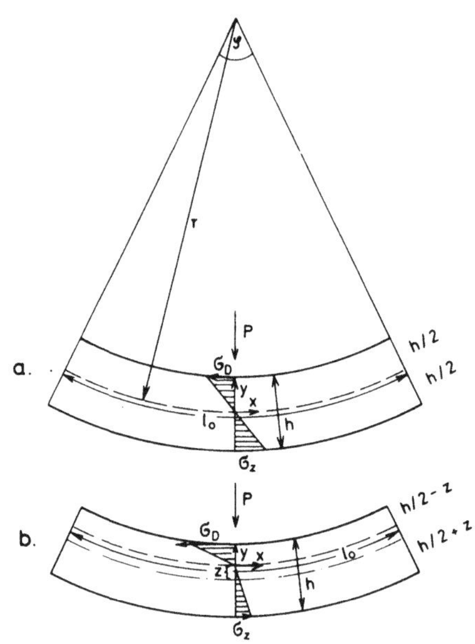

Abb. 3 Spannungsverteilung im gebogenen Prüfkörper

Abb. 4 Heißbiegefestigkeitsanlage zur Bestimmung der Haftfestigkeit

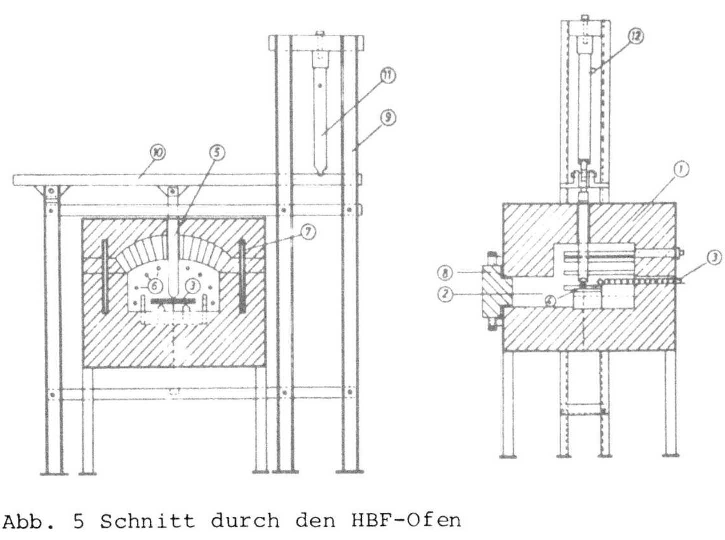

Abb. 5 Schnitt durch den HBF-Ofen

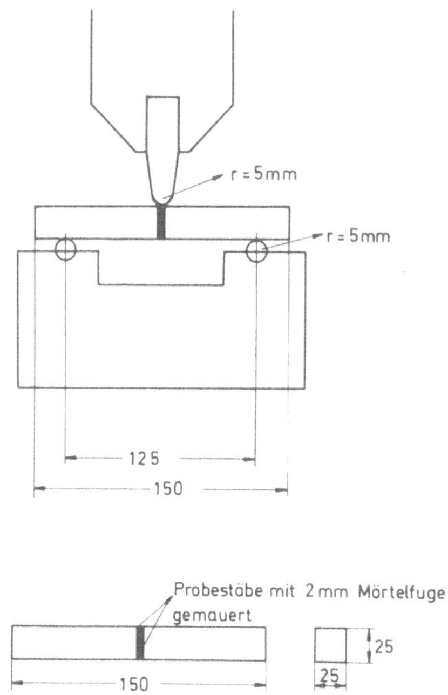

Abb. 6 Herstellen der Probekörper

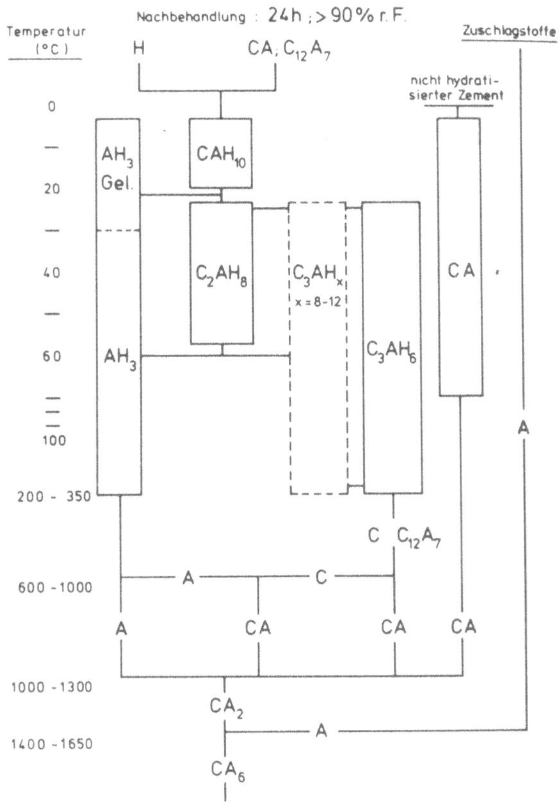

Abb. 7 Hydratation und Dehydratation von Tonerdezement mit Edelkorund nach GIVAN u.a. (22)

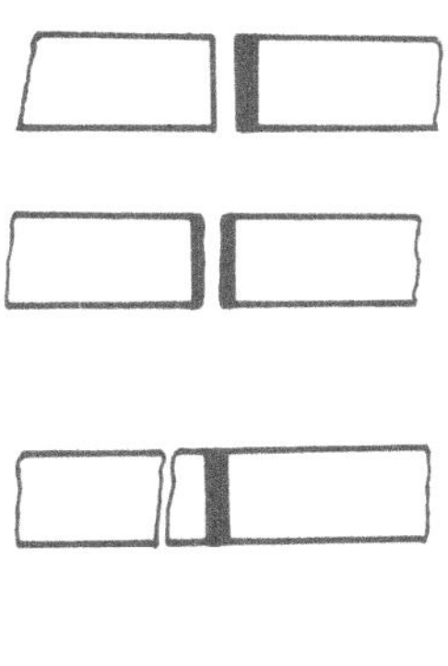

<u>1. Fall:</u> Die Zugfestigkeit von Mörtel und Stein ist größer als die Haftfestigkeit

<u>2. Fall:</u> Die Haftfestigkeit und die Zugfestigkeit des Steines sind größer als die Zugfestigkeit des Mörtels

<u>3. Fall:</u> Die Haftfestigkeit und die Zugfestigkeit des Mörtels sind größer als die Zugfestigkeit des Steines

Abb. 8 Brucherscheinungen bei den Haftfestigkeitsuntersuchungen

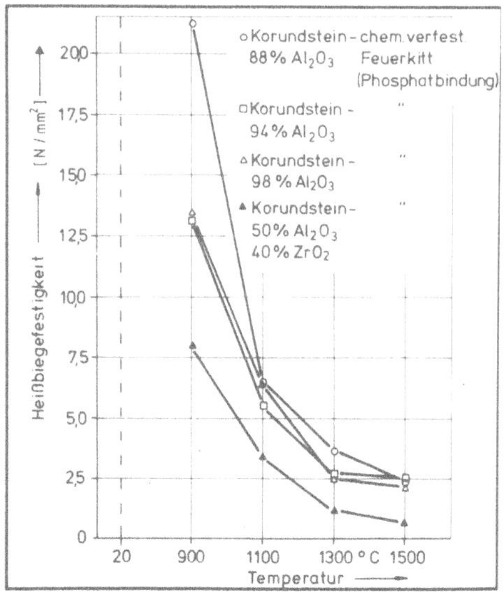

Abb. 9 Biegefestigkeit vermörtelter Steinproben (2 mm Fugendicke) in Abhängigkeit von der Temperatur (phosphatgebunden)

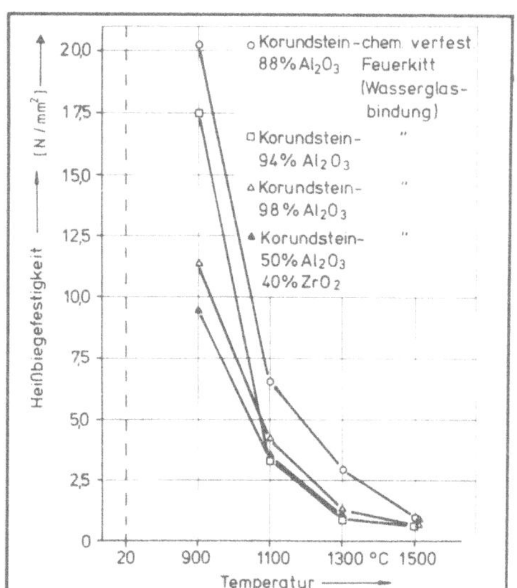

Abb. 1o Biegefestigkeit vermörtelter Steinproben (2 mm Fugendicke) in Abhängigkeit von der Temperatur (wasserglasgebunden)

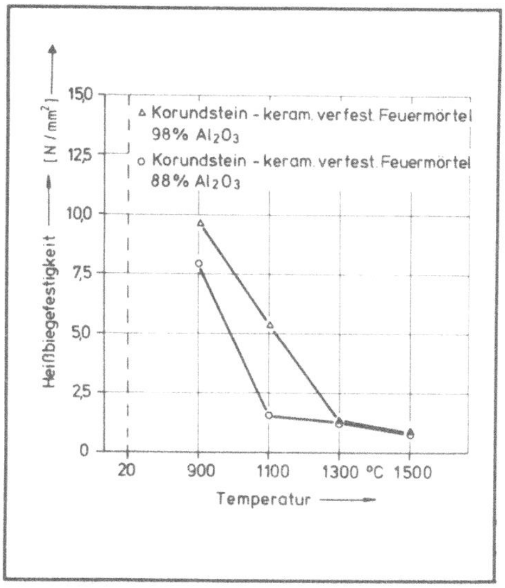

Abb. 11 Biegefestigkeit vermörtelter Steinproben (2 mm Fugendicke) in Abhängigkeit von der Temperatur (keramisch gebunden)

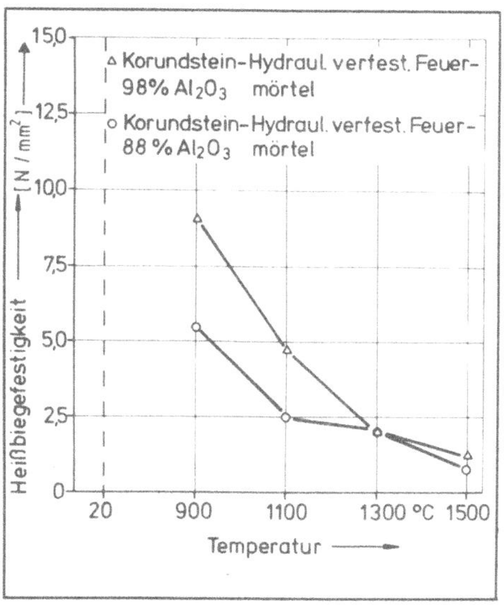

Abb. 12 Biegefestigkeit vermörtelter Steinproben (2 mm Fugendicke) in Abhängigkeit von der Temperatur (hydraulisch gebunden)

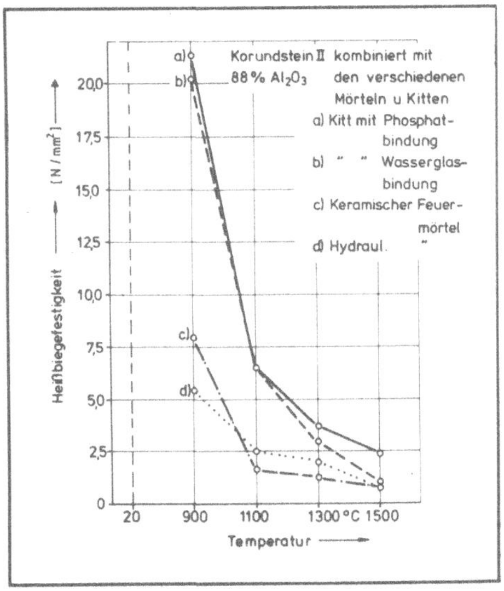

Abb. 13 Biegefestigkeit vermörtelter Steinproben
(2 mm Fugendicke) in Abhängigkeit von der Temperatur

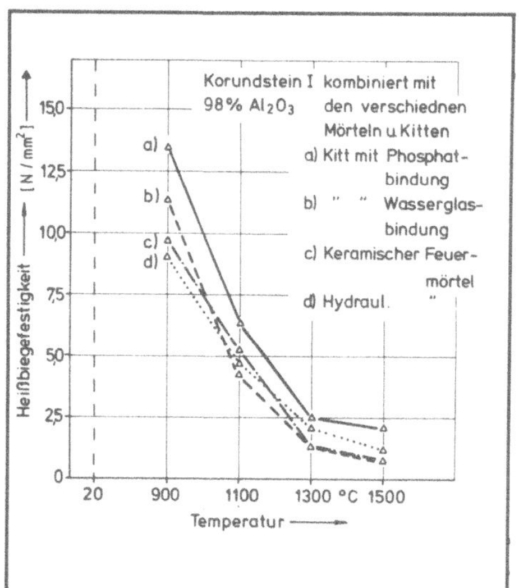

Abb. 14 Biegefestigkeit vermörtelter Steinproben
(2 mm Fugendicke) in Abhängigkeit von der Temperatur

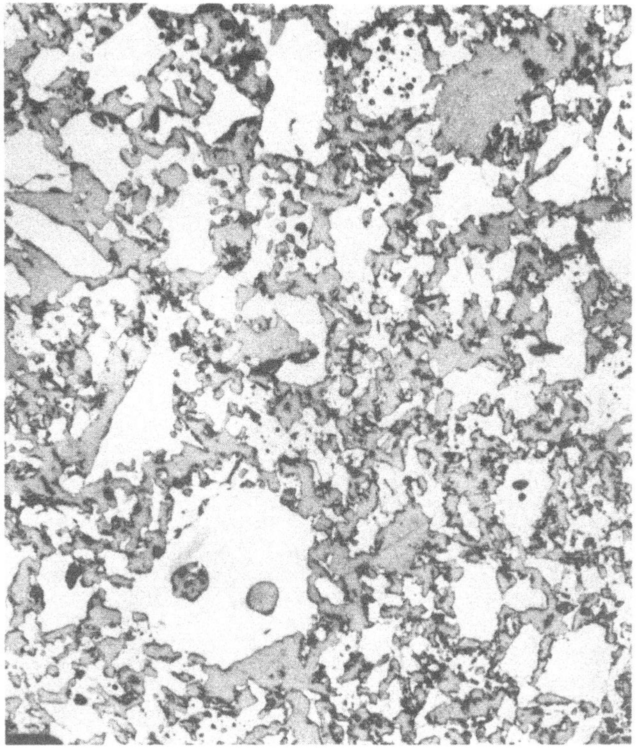

Abb. 15 Stein I/Feuerkitt (a),
Vergrößerung: 206 x

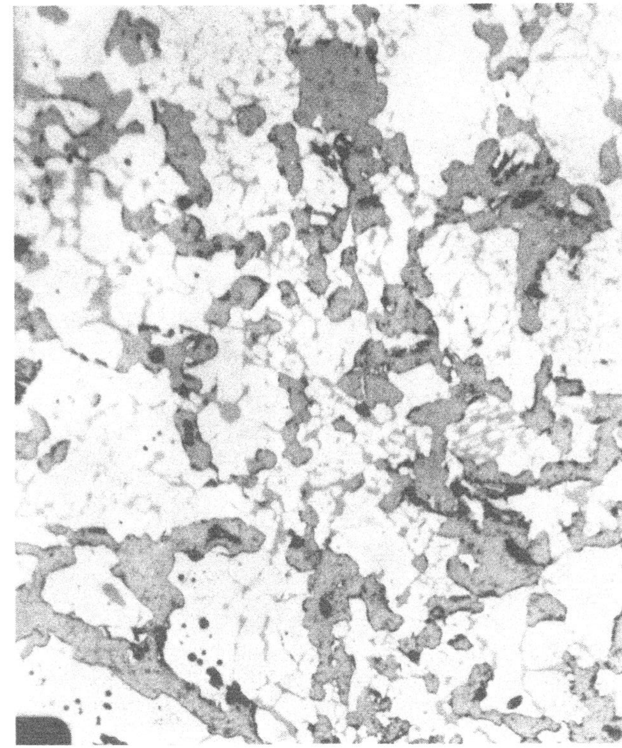

Abb. 16 Stein II/Feuerkitt (a),
Vergrößerung: 206 x

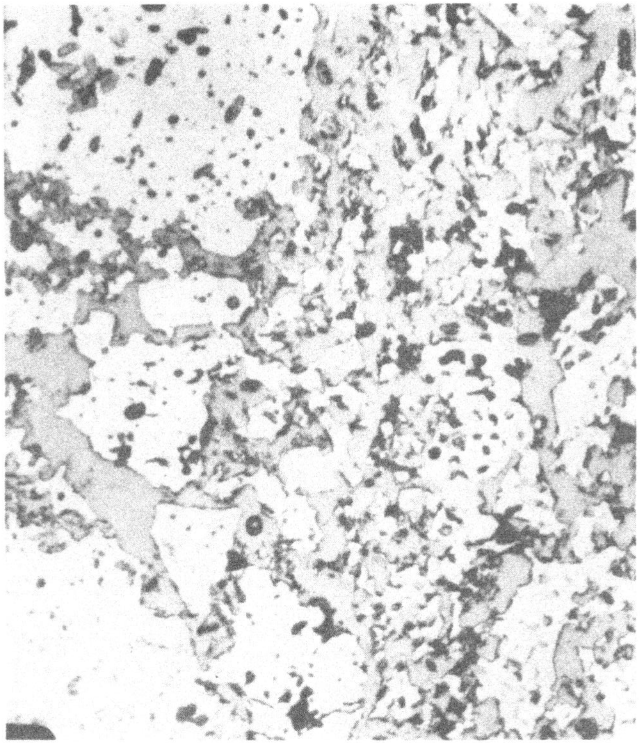

Abb. 17 Stein III/Feuerkitt (a),
Vergrößerung: 206 x

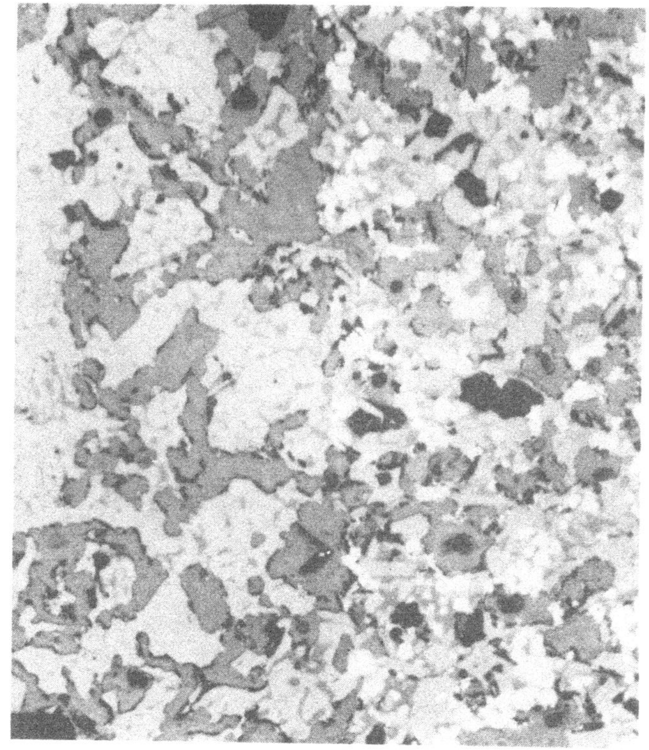

Abb. 18 Stein IV/Feuerkitt (a),
Vergrößerung: 206 x

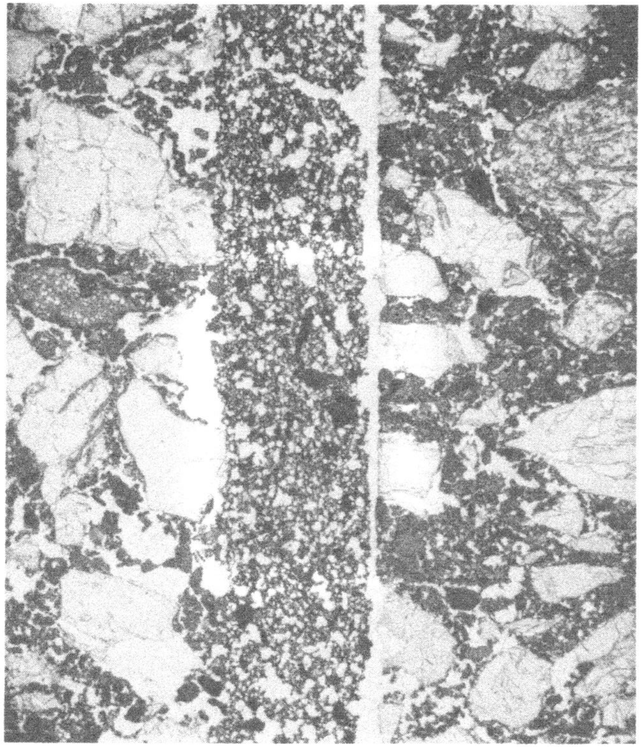

Abb. 19 Stein II/Feuerkitt (b),
Dünnschliff: 8,4 x Vergrößerung

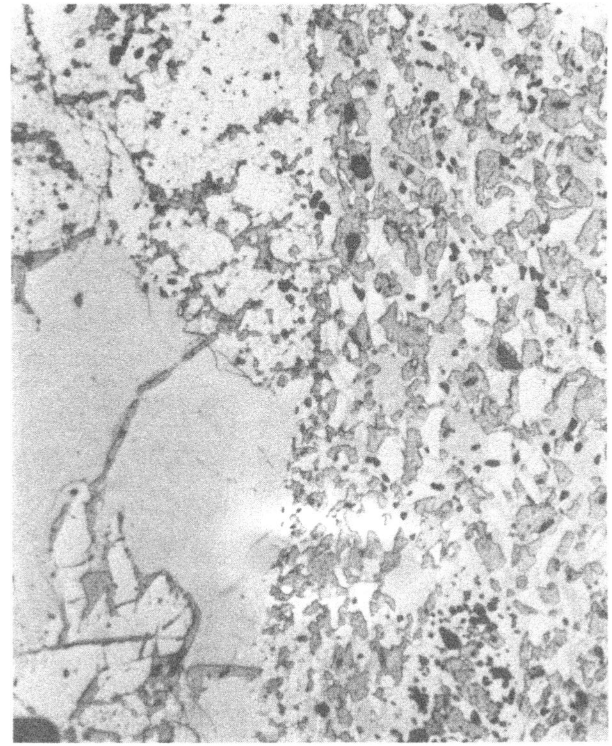

Abb. 20 Stein II/Feuerkitt (b),
Anschliff: 52 x Vergrößerung

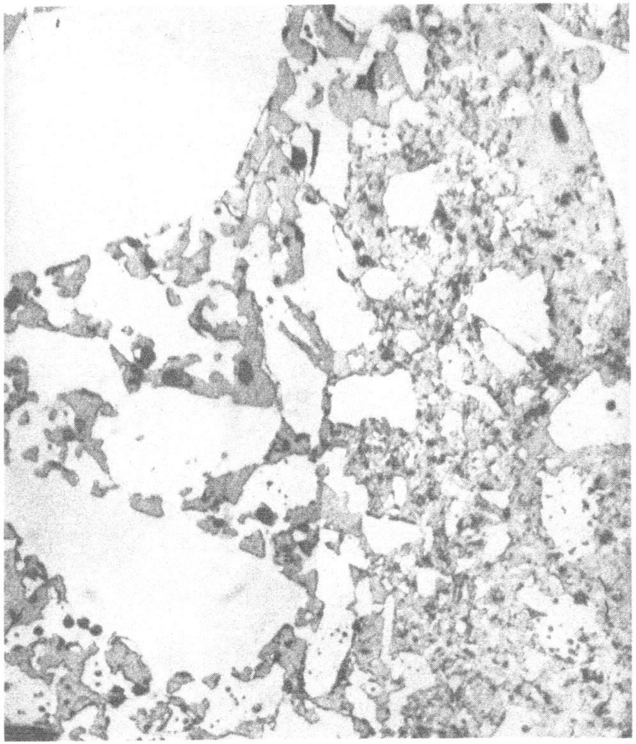

Abb. 21 Stein I/Feuermörtel (d),
Vergrößerung: 206 x AL
links Stein

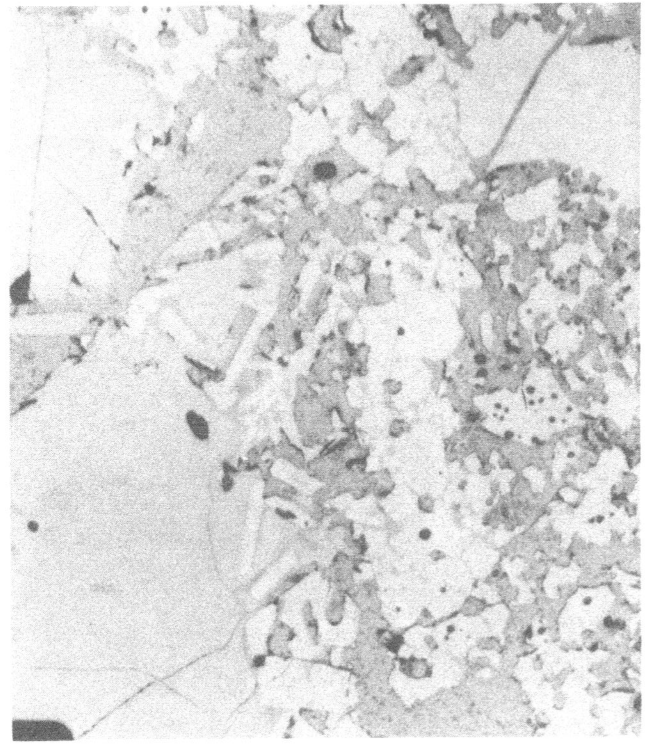

Abb. 22 Stein II/Feuermörtel (d),
Vergrößerung: 206 x AL
links Stein

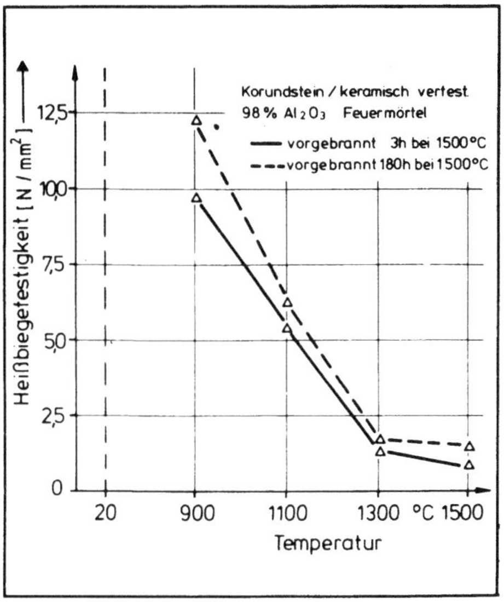

Abb. 23 Biegefestigkeit vermörtelter Prüfkörper
(2 mm Fugendicke) in Abhängigkeit von der Temperatur und Haltezeit

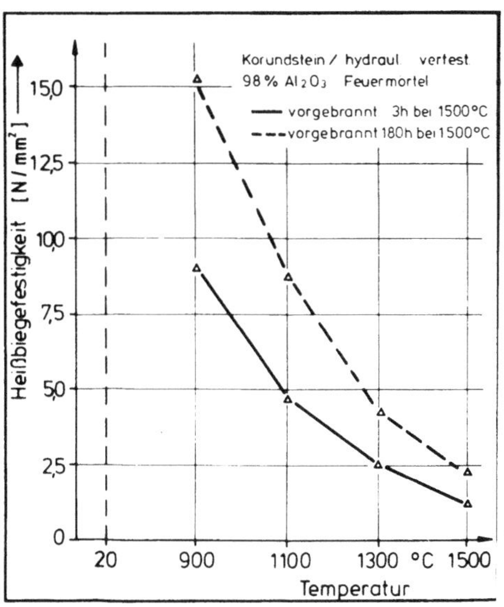

Abb. 24 Biegefestigkeit vermörtelter Prüfkörper
(2 mm Fugendicke) in Abhängigkeit von der Temperatur und Haltezeit

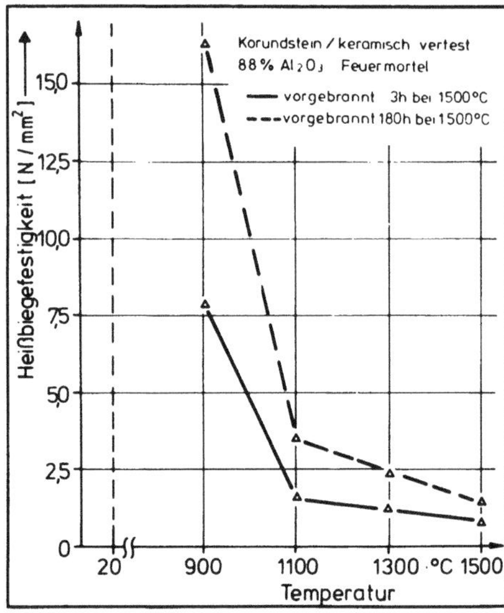

Abb. 25 Biegefestigkeit vermörtelter Prüfkörper (2 mm Fugendicke) in Abhängigkeit von der Temperatur und Haltezeit

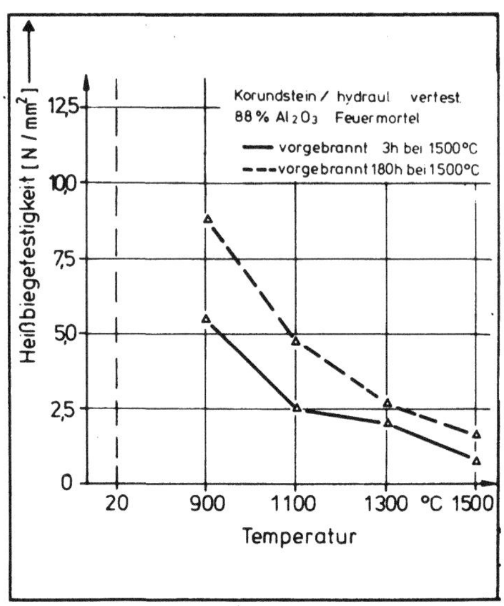

Abb. 26 Biegefestigkeit vermörtelter Prüfkörper (2 mm Fugendicke) in Abhängigkeit von der Temperatur und Haltezeit

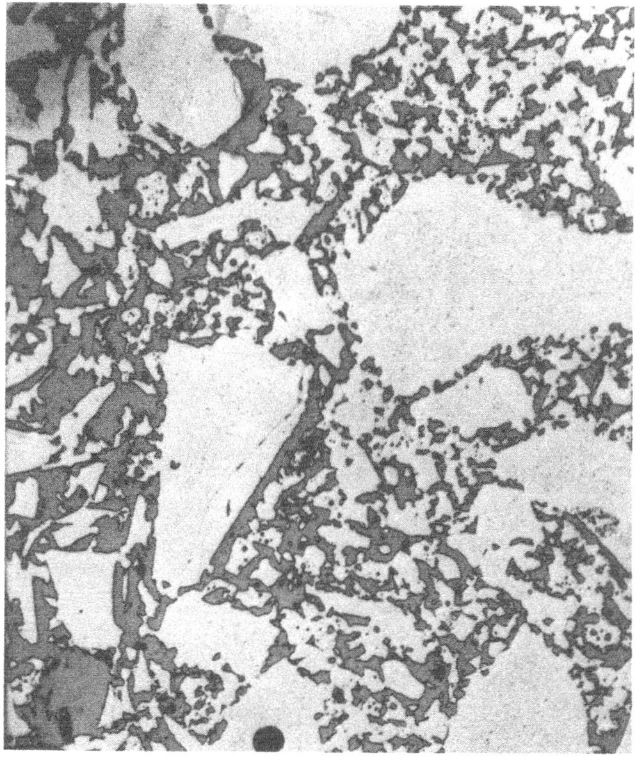

Abb. 27 Stein I/Feuermörtel (c),
Vergrößerung: 101 x AL
Fuge links

Abb. 28 Stein II/Feuermörtel (c),
Vergrößerung: 101 x AL
Fuge rechts

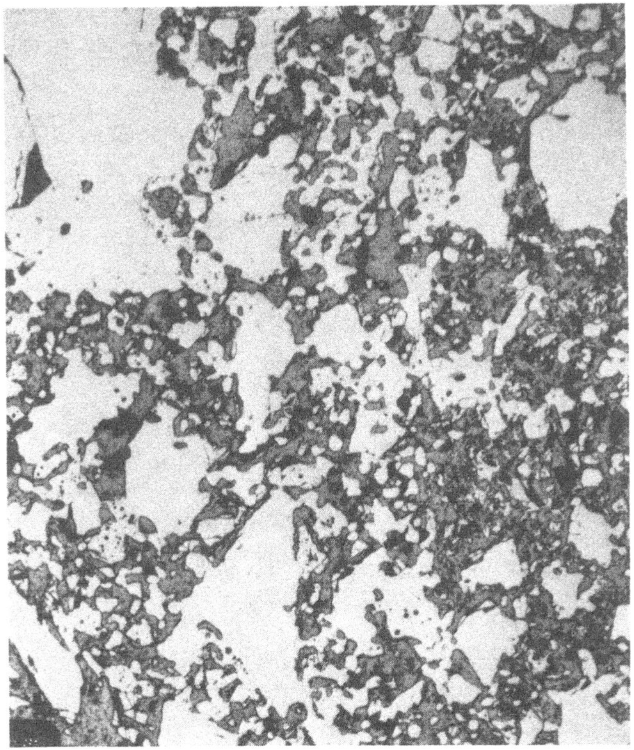

Abb. 29 Stein I/Feuermörtel (d),
Vergrößerung: 101 x AL
Fuge rechts

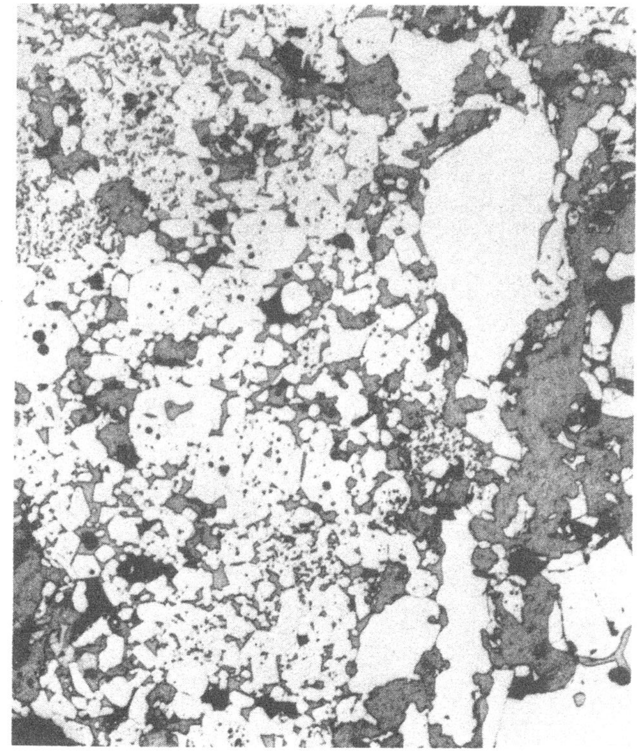

Abb. 30 Stein II/Feuermörtel (d),
Vergrößerung: 101 x AL
Fuge rechts

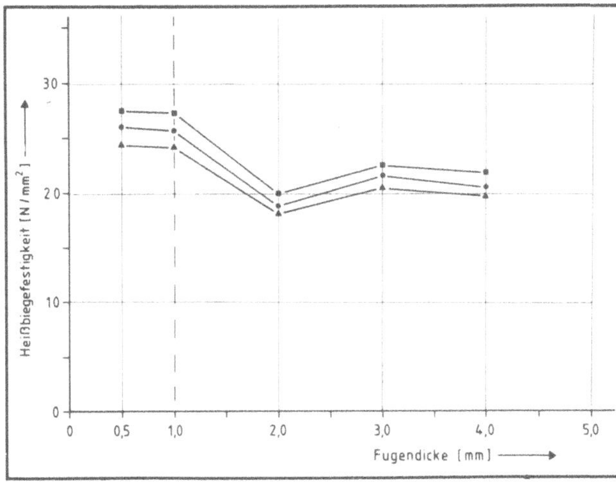

Abb. 31 Heißbiegefestigkeit vermörtelter Prüfkörper in Abhängigkeit von der Fugendicke Prüftemperatur: 9oo°C

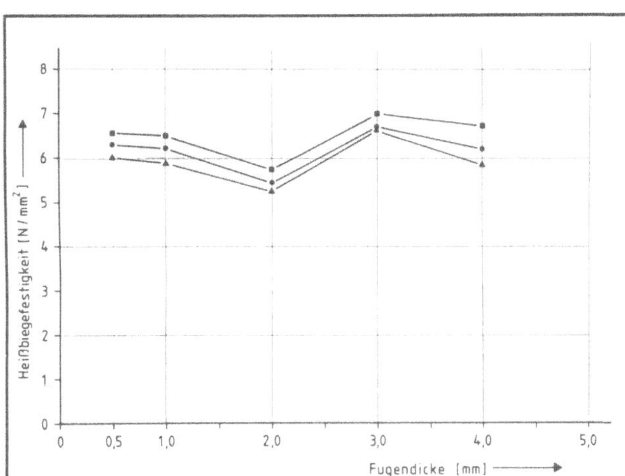

Abb. 32 Heißbiegefestigkeit vermörtelter Prüfkörper in Abhängigkeit von der Fugendicke Prüftemperatur: 11oo°C

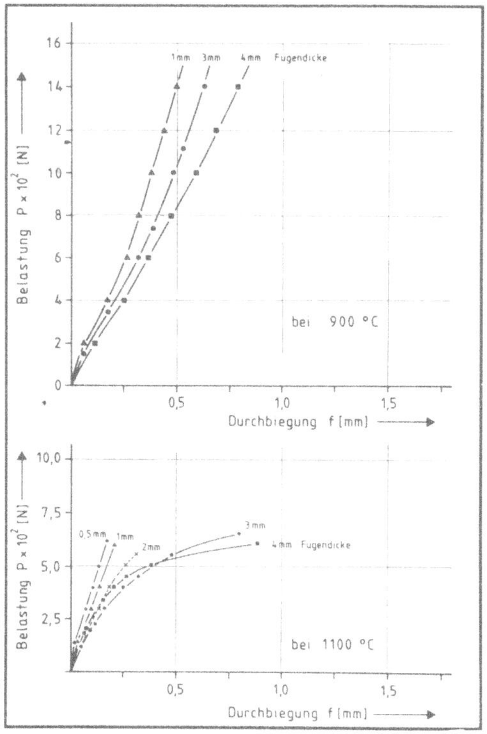

Abb. 33 Belastungs-Durchbiegeverhalten vermörtelter Probekörper

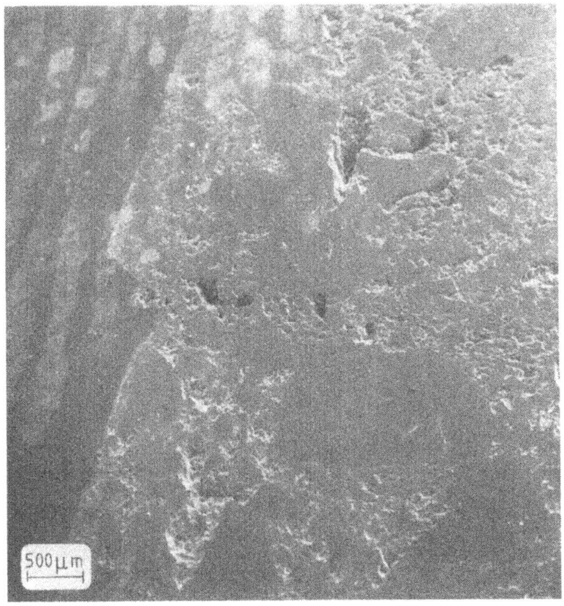

Abb. 34 REM-Aufnahme Stein III / Feuer-
kitt (b) o,5 mm Fugendicke Vergrößerung: 2o : 1

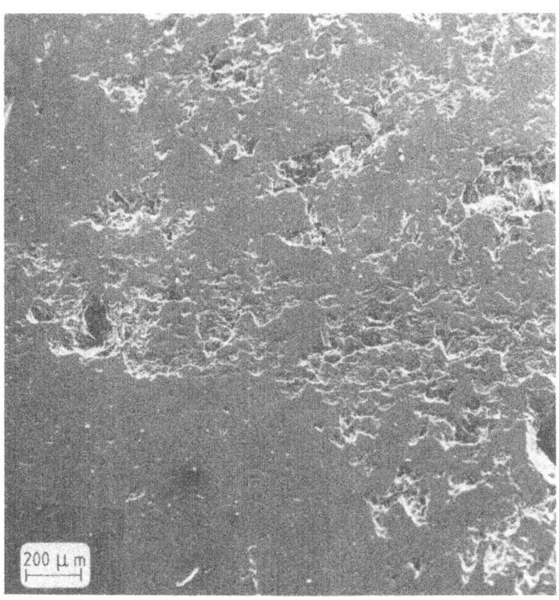

Abb. 35 REM-Aufnahme Stein III / Feuer-
kitt (b) o,5 mm Fugendicke Vergrößerung: 5o : 1

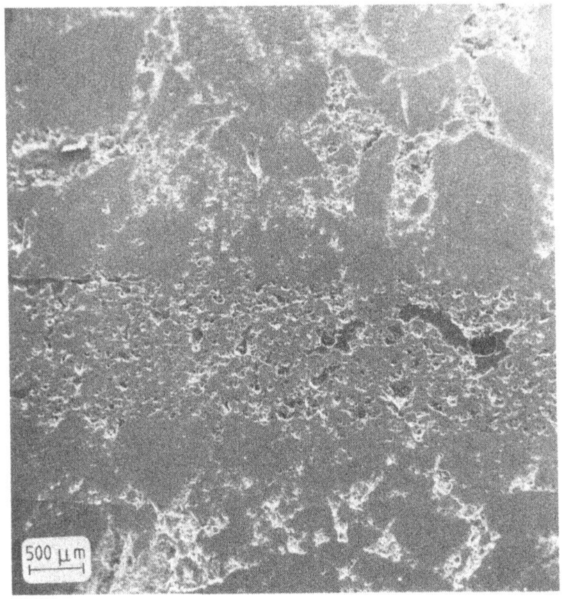

Abb. 36 REM-Aufnahme Stein III / Feuerkitt (b) 2 mm Fugendicke Vergrößerung: 2o : 1

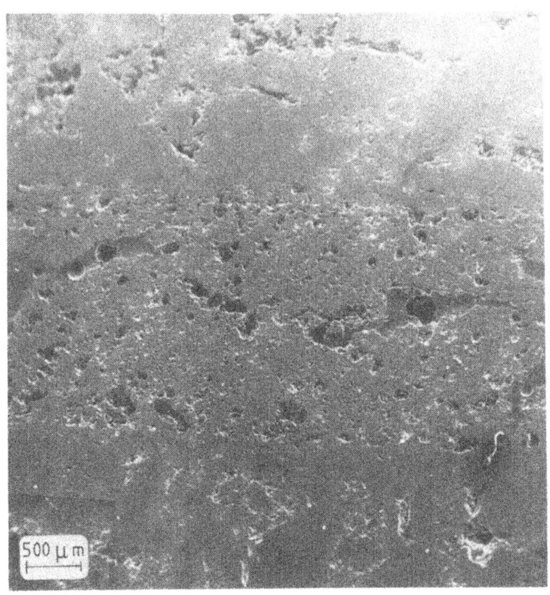

Abb. 37 REM-Aufnahme Stein III / Feuerkitt (b) 3 mm Fugendicke Vergrößerung: 2o : 1

b) Tabellen

Tabelle 1: Chemische Analyse und technologische Daten der Steinqualitäten

		Steinsorte I	Steinsorte II	Steinsorte III	Steinsorte IV
Al_2O_3	(%)	98,85	87,85	94,20	50,40
SiO_2	"	0,50	10,50	0,45	7,60
CaO	"	0,08	0,30	0,09	0,91
Fe_2O_3	"	0,04	0,07	0,05	0,10
TiO_2	"	0,01	0,04	0,01	0,06
Cr_2O_3	"	-	-	4,52	-
ZrO_2	"	-	0,11	-	40,30
Na_2O	"	0,20	0,50	0,20	0,13
K_2O	"	0,10	0,10	0,10	0,02
MgO	"	-	-	-	0,20
PbO	"	-	-	-	0,15
Rohdichte (g/cm^3)		3,17	2,95	3,16	3,69
Off. Porosität (%)		19,04	15,47	18,07	9,70
Gasdurchlässigkeit (n Pm)		5,63	5,10	4,63	2,81

Tabelle 2: Chemische Analyse der Feuermörtel und Feuerkitte

		Kitt (a)	Kitt (b)	Mörtel (c)	Mörtel (d)
Al_2O_3	(%)	84,00	71,50	97,80	95,20
SiO_2	"	3,14	24,10	0,90	0,50
CaO	"	0,20	0,20	0,20	3,50
Fe_2O_3	"	0,50	0,60	0,30	0,20
TiO_2	"	0,30	0,50	--	--
Cr_2O_3	"	4,54	--	--	--
K_2O	"	0,20	0,20	0,10	0,10
Na_2O	"	0,43	2,60	0,40	0,30
MgO	"	0,20	0,30	0,30	0,20
P_2O_5	"	6,53	--	--	--

Tabelle 3: Korngrößenverteilung der Feuermörtel und Feuerkitte

Korngröße (mm)	Feuerkitt (a) (%)	Feuerkitt (b) (%)	Feuermörtel (c) (%)	Feuermörtel (d) (%)
1 - o,5	-	-	o,87	o,94
o,5 - o,2	7,33	6,58	25,94	28,61
o,2 - o,o9	15,13	12,31	13,65	11,99
o,o9 - o,o63	11,25	12,26	1o,78	3,15
< o,o63	66,29	68,84	48,75	55,31

GPSR Compliance

The European Union's (EU) General Product Safety Regulation (GPSR) is a set of rules that requires consumer products to be safe and our obligations to ensure this.

If you have any concerns about our products, you can contact us on ProductSafety@springernature.com

In case Publisher is established outside the EU, the EU authorized representative is:

Springer Nature Customer Service Center GmbH
Europaplatz 3
69115 Heidelberg, Germany

Batch number: 10584556

Printed by Printforce, the Netherlands